彩图 1　白萝卜

彩图 2　心里美萝卜

彩图 3　青萝卜

彩图 4　南瓜

彩图 5　胡萝卜

彩图 6　芋头

彩图 7　冬瓜

彩图 8　马铃薯

彩图 9　根甜菜

彩图 10　莴苣

彩图 11　红薯

彩图 12　西瓜

彩图 13　哈密瓜

彩图 14　黄瓜

彩图 15　西红柿

彩图 16　执笔手法　　彩图 17　横握手法　　彩图 18　直握手法　　彩图 19　戳刀手法

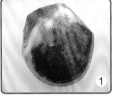

彩图 20　荷花雕刻技术关键

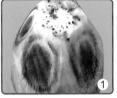 

彩图 21　月季花雕刻技术关键

彩图 22　菊花雕刻技术关键

彩图 23　喜鹊头　　　　彩图 24　鹰头　　　　彩图 25　公鸡头

彩图 26　简易的翅膀造型

彩图 27　精细的翅膀造型

彩图 28　喜鹊雕刻技术关键

彩图 29　大天鹅造型

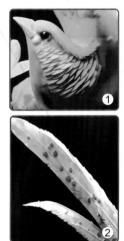

彩图 30　锦鸡雕刻技术关键

彩图 31　孔雀雕刻技术关键

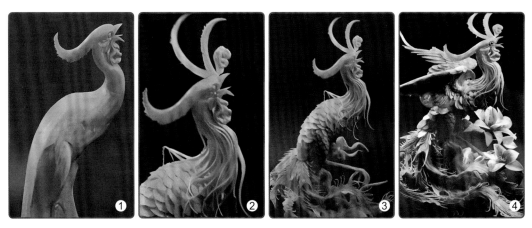

彩图 32　凤凰雕刻技术关键

彩图 33　马的雕刻技术关键　　　　彩图 34　龙的雕刻技术关键

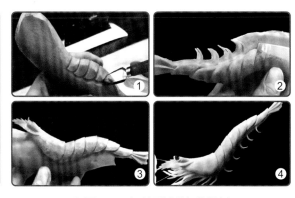

彩图 35　麒麟的雕刻技术关键　　　　彩图 36　虾的雕刻技术关键

彩图 37　鲤鱼的雕刻技术关键

彩图 38 蟋蟀造型

彩图 39 器物雕刻：渔家乐

彩图 40 景观造型：古塔

彩图 41 童子头部雕刻关键流程

彩图 42 仕女头部雕刻关键流程

彩图 43 寿星头部雕刻关键流程

 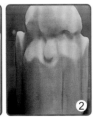    
彩图 44 罗汉头部雕刻关键流程

彩图 45　"连生贵子"造型雕刻关键流程

彩图 46　"仕女读书"造型雕刻关键流程

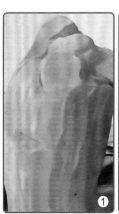

彩图 47　寿星造型雕刻关键流程

彩图 48　"伏虎罗汉"造型雕刻关键流程

彩图 49　瓜盅　　　　　　　　　　　彩图 50　冷菜

彩图 51　单拼

彩图 52　双拼

彩图 53　三拼　　　　　　　　彩图 54　四拼、五拼

彩图 55　什锦拼盘　　　　　　彩图 56　花色拼盘

彩图 57　碧海扬帆

彩图 58　寿带鸟　　　　　　　彩图 59　常青树

彩图 60　半立体拼盘——蝴蝶的拼摆
　　　　　关键工艺流程

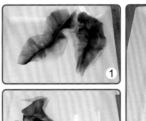

彩图 61　半立体拼盘——锦鸡的拼摆
　　　　　关键工艺流程

彩图 62　半立体拼
盘——金鱼的拼摆

彩图 63　半立体拼盘——长相思的拼摆
　　　　　关键工艺流程

彩图 64　塑糖

彩图 65　模压

彩图66　糖粉面坯作品

彩图67　脆糖作品

彩图68　环围式盘饰

彩图69　点缀式盘饰

彩图 70　几何形盘饰　　　　　彩图 71　象形盘饰

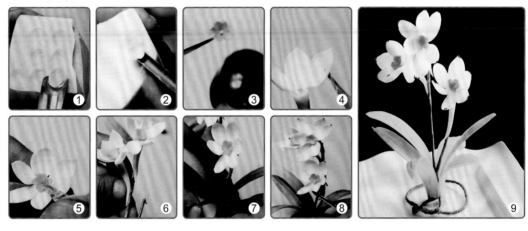

彩图 72　兰花盘饰造型工艺

彩图 73　山菊花盘饰造型工艺

彩图 74　杨桃盘饰造型工艺

彩图 75　器物盘饰造型工艺

彩图 76　断墙盘饰造型工艺

彩图 77　面塑盘饰

彩图 78　糖艺盘
饰——荷花
　　彩图 79　糖艺盘
饰——梨
　　彩图 80　糖艺盘
饰——抽象兰花
　　彩图 81　糖艺盘
饰——彩带

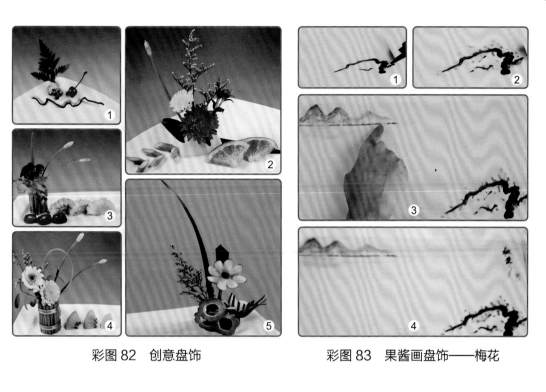

彩图 82　创意盘饰　　　　　　　　　彩图 83　果酱画盘饰——梅花

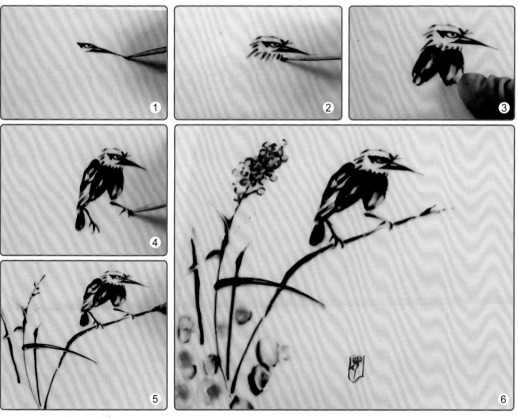

彩图 84　果酱画盘饰——翠鸟

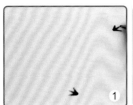   

彩图 85　果酱画盘饰——虾趣

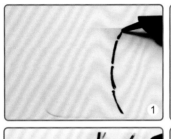  

彩图 86　果酱画盘饰——竹子

彩图 87　果酱画盘饰——雄鹰

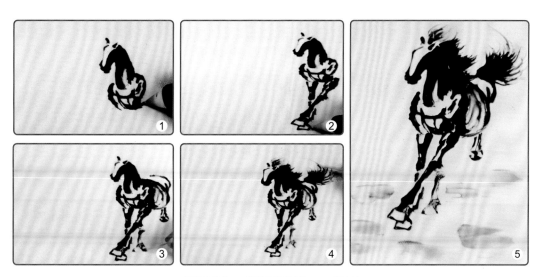

彩图 88　果酱画盘饰——骏马

彩图 89　果酱画盘饰——公鸡

彩图 90 果酱画盘饰——牵牛花

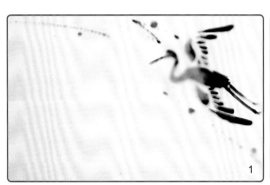 

 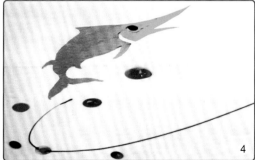

彩图 91 模具喷粉盘饰示例

职业教育"十四五"规划烹饪专业系列教材

食品雕刻与盘饰造型艺术

主　编　曹清春　杨春雨　石　光

副主编　柳天兴　刘立军　李浩莹

参　编　张廷艳　邱长志　李　影

　　　　孙丽萌　张丽影

中国财富出版社有限公司

图书在版编目（CIP）数据

食品雕刻与盘饰造型艺术 / 曹清春，杨春雨，石光主编 . — 北京：中国财富出版社有限公司，2022.7

（职业教育"十四五"规划烹饪专业系列教材）

ISBN 978-7-5047-7732-4

Ⅰ.①食… Ⅱ.①曹… ②杨… ③石… Ⅲ.①食品雕刻—职业教育—教材 Ⅳ.① TS972.114

中国版本图书馆 CIP 数据核字（2022）第 111933 号

策划编辑	谷秀莉	**责任编辑**	谷秀莉	**版权编辑**	李 洋
责任印制	尚立业	**责任校对**	孙丽丽	**责任发行**	杨 江

出版发行	中国财富出版社有限公司			
社 址	北京市丰台区南四环西路 188 号 5 区 20 楼		**邮政编码**	100070
电 话	010-52227588 转 2098（发行部）		010-52227588 转 321（总编室）	
	010-52227566（24 小时读者服务）		010-52227588 转 305（质检部）	
网 址	http：//www.cfpress.com.cn		**排 版**	宝蕾元
经 销	新华书店		**印 刷**	宝蕾元仁浩（天津）印刷有限公司
书 号	ISBN 978-7-5047-7732-4/TS·0117			
开 本	787mm×1092mm 1/16		**版 次**	2022 年 9 月第 1 版
印 张	8 **彩 插** 1		**印 次**	2022 年 9 月第 1 次印刷
字 数	192 千字		**定 价**	38.00 元

职业教育"十四五"规划烹饪专业系列教材
编写委员会

前　言

　　根据2019年国务院印发的《国家职业教育改革实施方案》的文件指示精神，为落实"中国特色高水平高职学校和专业建设计划"以及深化《职业教育提质培优行动计划（2020—2023年）》的具体要求，以培养学生的职业能力为导向，加强烹饪示范专业及精品课程建设，促进中等职业教育的快速发展，提高烹饪专业人才的技能水平，对接职业标准和岗位规范，优化课程结构，特编写此书。

　　改革开放以来，伴随人们生活水平的不断提高和中国餐饮业的迅猛发展，我国的烹饪教育也越来越为人们所重视，很多中职、技工院校都相继开设了烹饪专业，其教学目标主要是为社会培养一大批懂理论、技能扎实、能够满足人们日益提高的饮食要求的烹饪专业人才。为实现这个目标，食品雕刻与盘饰在烹饪专业教学中的作用越来越明显。

　　本教材的编写有如下几方面的特色：

　　一、创新。以职业能力为本位，以学生为中心，以应用为目的，以必需、够用为度，满足职业岗位的需要，与相应的职业资格标准或行业技术等级标准接轨。本书的编写还解决了学生在以往食品雕刻与盘饰学习中缺少理论教材可参考的困难。

　　二、知识面广。教材详细介绍了食品雕刻与盘饰涉及的相关技法及应用实例，更介绍了食品雕刻与盘饰常用的原料、设备、工具种类及其适用范围，配备了精美的图片，使学生能够更好地了解行业发展前沿，提高了学生的学习兴趣，拓宽了学生的知识面。

　　三、教材体系完整，框架结构清楚。本教材由食品雕刻概述、食品雕刻的基础知识、食品雕刻造型艺术、冷菜拼摆造型艺术、糖艺制作、盘饰造型艺术六个项目组成，每个项目都包括学习目标、训练任务、复习思考题等内容，实操性强的项目还配有大量的实训案例，其中穿插了图片示意等内容。教材的编写体现了知识由点到面的特色，体系完整，框架结构清楚，易于学生接受。

　　四、配有多媒体资料，方便师生教学使用。电子书、教学PPT以二维码的形式出现在书中，供学生、读者扫描观看。同时，我们还将不断丰富、完善这些多媒体资料。

　　本书是中高职烹饪专业学生用书，也是国家级高技能人才培训基地（烹饪专业）配套教材，更是烹饪从业者和爱好者的必备手册。

本书编写中查阅了大量的相关资料，并得到了有关部门和学校领导的大力支持，在此一并表示感谢。由于编写时间仓促，加之编者水平有限，书中尚有疏漏和不妥之处，敬请广大专家及同行不吝赐教，以便再版时修订完善。

编者

2022年6月

目　录

项目一 食品雕刻概述

- 了解食品雕刻的概念
- 了解食品雕刻的由来和发展
- 了解食品雕刻的地位和作用

看PPT　　看电子书

　　食品雕刻是烹饪技术和文化艺术的结合体，是我国烹饪文化中不可缺少的重要组成部分。食品雕刻简称食雕，就是利用专用刀具，采用各种不同的雕刻技法，将可食用原料加工成形状美观且具有较高观赏价值的艺术作品。食雕有不同的分类方法，按原料不同分类，食雕可分为果蔬雕、巧克力雕、奶油雕、糖雕、琼脂雕等。

　　食品雕刻花样繁多，取材广泛，无论花鸟鱼虫、风景建筑还是神话传说，凡是具有美好象征意义的，都可以用食雕艺术形式表现出来。

任务一　食品雕刻的由来和发展

一、食品雕刻的由来

　　食品雕刻是将我国传统的牙雕、木雕、石雕、玉雕等美术工艺造型方法和技巧运用到食品上的一项传统技艺，是悠久的中华美食文化孕育的一颗璀璨明珠。

　　食品雕刻的起源，至今在史料中尚未找到切实的记载。先秦的"雕卵"大概是食雕较早的记载。

　　唐代筵席中菜肴已采用雕刻技法，《岭表录异》记载："枸橼，子形如瓜，皮似橙而金色，故人重之，爱其香气。京辇豪贵家钉盘筵，怜其远方异果，肉甚厚，白如萝卜，南中女工，竞取其肉，雕镂花鸟，浸之蜂蜜，点以胭脂，擅其妙巧，亦不让湘中人镂木瓜也。"

宋代的雕刻原料已包括蜜饯果品,《武林旧事》记载:"绍兴二十一年十月,高宗幸清河郡王第,供进御筵节次如后……雕花蜜煎一行:雕花梅球儿,红消儿,雕花笋,蜜冬瓜鱼儿,雕花红团花,木瓜大段儿,雕花金橘青梅,荷叶儿,雕花姜,蜜笋花儿,雕花橙子,木瓜方花儿……"史籍上还有谢益斋命仆人剖"香圆"做杯,在"香圆"上刻上"花温"的记载。

到了明清时期,江苏扬州的瓜雕最为流行,据《扬州画舫录》记载"……取西瓜皮镂刻人物、花卉、虫鱼之戏,谓之西瓜灯",在此基础上发展出瓜刻,将西瓜瓤雕成花瓣,表皮雕成山水、人物、动物、花鸟、草虫等,以增加立体感,形式多样,千变万化,妙趣横生,至今仍为食雕的重要组成部分。

清代是中国烹饪技术比其他朝代发展都快的时期,这一时期食雕技艺与传统烹饪技法相结合,较宋、明两代又有进步,食雕作品成为筵席上令食客赏心悦目的点缀佳品。清宫廷菜有"一吃,二看,三观赏"的说法,这里的观赏对象就有食品雕刻作品,民间各种祭祀中也有食雕的踪影。乾隆年间是中国古代食品雕刻的鼎盛时期。

盅灯结合、图环并茂的"御果园",标志着我国食品雕刻技艺达到了新的高度。

二、食品雕刻的发展

中华人民共和国成立以来,食品雕刻技术百花齐放,在继承传统的基础上,广大厨师和专业人士积极探索、大胆创新,将食品雕刻与我国传统的玉雕、石雕、木雕等雕刻技艺相结合,取长补短,这使食品雕刻无论是内容还是形式及题材,都有了突飞猛进的发展。

近年来,随着人们生活水平和审美能力的提高,中外文化交流的日益频繁,饮食行业结构的优化及从业人员素质的提高,食品雕刻原料的选用范围不断扩大,取材越来越广泛,其应用范围也不断扩大。食品雕刻日趋完善,表现手法更加细腻逼真,设计制作更加精巧,艺术性更强。琳琅满目的雕刻,如冰雕、果蔬雕、糖雕、豆腐雕、巧克力雕、琼脂雕、黄油雕等,在酒店或宾馆里争奇斗艳,添光溢彩。到现代,食品雕刻已成为一个单独的比赛项目,现在某些大型的商业厨房把从事食品雕刻的厨师独立分离出来,专门设立"雕刻师"这一职业,令其专司餐台装饰工作。

特别是近年来,糖艺作品和果酱画作品,不仅可以点缀菜肴,还可以食用,成为食品雕刻发展的一个新趋势。因此,现在食品雕刻被越来越多的厨师青睐,食雕作品或放在盘中作为点缀,或作为容器盛放菜肴,既能美化宴会环境,又可增加食欲,使进餐者在饱享口福之余,还能得到美的享受。

中国的食品雕刻艺术在国际上享有很高的声誉,被外国朋友们称作东方食品的"艺术明珠"。

任务二 食品雕刻的地位和作用

中国烹饪之所以享誉世界，既贵在菜肴"色香味"诱人的直观美，又妙在"形器饰"的艺术感染美，两者匠心独特的和谐结合，成就了食趣倍增、令人口福眼福兼享的中国艺术美食。

食品雕刻是在追求烹饪造型艺术的基础上发展起来的，是一门综合艺术，是绘画、雕塑、插花、色彩搭配等综合艺术的体现，是点缀、装饰和美化菜品的应用技术，是我国烹饪领域不可缺少的一部分，在我国烹饪文化中具有举足轻重的地位，这就要求食品雕刻从业者必须具备一定的审美能力和艺术造型能力。

食品雕刻以其独特的艺术风格、悠久的工艺历史和精湛的制作技术赢得人们的青睐和肯定，它不仅能点缀菜肴、美化筵席、烘托主题、增添气氛，还有令人赏心悦目、增加食欲的重要作用。

在烹饪中，食品雕刻的作用主要表现为以下几点：

一、点缀菜肴

在菜肴制作中，食品雕刻能起到丰富菜肴色彩、美化菜肴的作用。

用食雕作品做的盛器，不仅有衬托和保温等功能，还有点缀主菜、装饰造型、表现情趣等作用。在筵席上，精美的食雕作品能起到突出主菜的作用，但食雕作品不能喧宾夺主，而是要起到锦上添花的作用。

二、美化筵席，烘托气氛，突出主题

在筵席设计制作中，辅以精美的食品雕刻作品，不仅能彰显筵席档次，活跃整个筵席气氛，还能使人心旷神怡、食欲大增，食品雕刻作品对展示筵席之美起到重要作用。尤其是在冷餐会、酒会上，用果蔬、琼脂、冰块等材料雕刻出的人物、花鸟等作品，装饰点缀餐桌，可以美化环境，给人以美的享受。

三、繁荣餐饮市场，提高企业的知名度

餐饮市场各地风味流派众多，特色鲜明。食品雕刻在竞争日益激烈的餐饮市场越来越显示出独特的魅力，其作品具有很强的艺术展示性。食品雕刻作品不但可以在橱窗陈列展示，而且可以在宾馆或酒店"明档"展示，还可以在节日庆典通过制作主题作品来展示企业的品牌，突出企业的形象。

四、弘扬祖国传统文化，促进烹饪全面发展

食品雕刻是我国烹饪文化的重要组成部分，是我国烹饪艺术大观园中的一朵奇葩。不论是从它的历史发展情况来看还是从现在的实际情况来看，食品雕刻都一直备受中外人士青睐。每每遇到精美的食品雕刻作品，顾客往往都是爱不释手。精美绝伦的食品雕刻作品，可以与石雕、玉雕和木雕作品相媲美，食品雕刻艺术有着广阔的发展空间。随着经济的快速发展，餐饮业向更高层次发展，顾客也在不断要求越来越好的作品出现。加强对食品雕刻的研究和开发，对弘扬我国烹饪文化有着积极的作用，同时，食品雕刻技艺也在繁荣经济、促进食客消费方面发挥着很大的作用，这也必将推动烹饪全面发展。

复习思考题

1.什么是食品雕刻？

2.简述食品雕刻的由来和发展历史。

3.简述食品雕刻的地位。

4.简述食品雕刻的作用。

项目二 食品雕刻的基础知识

学习目标

- 了解食品雕刻的性质、类别
- 了解食品雕刻的原料及用途
- 掌握各类食品雕刻工具的应用
- 掌握食品雕刻手法和常用刀法
- 了解食品雕刻工艺程序

看PPT　　看电子书

任务一 食品雕刻的性质、类别

一、食品雕刻的性质

（一）技术性与艺术性

食品雕刻既是雕刻技术，又具有艺术性，其与玉雕、木雕、石雕等的造型方法相近，所以它们的艺术灵感与造型创造要求也是相似的。但是，它们的雕刻原料、刀具、刀法不同，尤其是操作环境要求有很大的差异。食品雕刻是一种需要在短时间内完成，细致而有一定顺序的"柔性"工艺，食雕作品可以说是"瞬间工艺品"。食品雕刻是用来点缀菜肴或装饰筵席的，必须严格保证清洁卫生，确保健康。

食品雕刻造型也有主次区别，特别是具有主题的食雕，其必由主体造型与陪衬造型组成，两者相辅相成，绿叶陪衬红花，才能显示出完整的艺术韵味。因此，食品雕刻是一门技术性、艺术性不亚于绘画、雕塑的工艺。

（二）可食性与观赏性

食品雕刻作品分为可食性的与观赏性的两种。可食性的食品雕刻作品以熟食品

（如蛋制品、火腿等）或生食品（如水果、蔬菜等）为原料雕刻制作；观赏性的食品雕刻作品均以瓜果或蔬菜根茎等为原料雕刻制作。可食性雕刻作品多作为菜肴围边或分体立雕装饰附件，立体雕刻不论大小多属观赏性的。

（三）写实与写意

食品雕刻造型表现形式类似绘画、雕塑，分为写实、写意两种。食雕写实形式类似工笔画或人像雕塑，要求形象逼真、比例恰当。例如，花卉造型、动物造型多采用写实形式。食雕写意形式类似抽象图案、漫画或几何雕塑，不求完全像真，力求达意，可简化、变形或以夸张手法表现，但是仍要突出主题的基本特征与内容。例如，"嫦娥奔月""五福临门"等造型，虽然具有像真的写实手法，但实质属写意形式，受所使用原料和其他造型艺术的影响，形式各异。

二、食品雕刻的类别

（一）按表现形式分类

1.整雕

整雕又称圆雕。整雕是把一块原料雕刻成一个完整、独立的作品的雕刻方法，整雕不需其他物体支撑和陪衬，具有独立性和完整性，可单独摆设，具有较高的欣赏价值，如菊花、牡丹花等各种花卉以及一些小型的禽鸟和兽等，均可用整雕形式表现。

2.组装雕刻

组装雕刻是先用一种或多种不同的原料雕刻成某一主题的各个部位，然后再集中组合成完整的主题作品的雕刻方法。其特点是色调鲜明，形象逼真，雕刻艺术表现力较强，选料不限，雕刻方便，成品结构鲜明，层次感强，适合形体较大或比较复杂的物体形象雕刻，要求制作者具有广阔的想象空间、独特的艺术构思与较强的制作能力。组装雕刻多适用于大型雕刻作品，如"孔雀开屏""雄鹰展翅""九龙壁""仙女散花""鹤鹿同寿"等雕刻作品。

3.浮雕

浮雕是在原料表面雕刻出向外凸出或向里凹进的图案的雕刻方法，可分为凸雕和凹雕两种。

（1）凸雕

凸雕又称阳纹雕，是把要表现的图案向外凸出地刻画在原料表面的雕刻方法。

（2）凹雕

凹雕又称阴纹雕，是把要表现的图案向里凹陷地刻画在原料表面的雕刻方法。

凸雕和凹雕只是表现手法不同，却有相同的雕刻原理。同一图案，既可凸雕，也可凹雕，在制作浮雕作品时，可事先将图案画在原料上，再动刀雕刻，这样效果会更好。冬瓜盅、西瓜盅、瓜罐等的雕刻都属于凹雕。凸雕费功，速度慢，但成品效果好，形象逼真。

4. 镂空雕

镂空雕就是在原料表面镂刻各种花纹图案，去掉多余部分，使花纹图案穿透物体的雕刻方法。其特点是图案玲珑剔透，色彩层次分明，作品艺术表现力强。镂空雕多采用各种瓜果作原料，适用于制作各种瓜灯，如"西瓜灯""龙凤冬瓜盅"等，一般在其成品中点放蜡烛，以光线的自然色彩装点席面，烘托气氛。

（二）按原料分类

1. 果蔬雕

果蔬雕以瓜果、蔬菜为雕刻原料，是食品雕刻的重要组成部分。果蔬雕作品易雕且十分精美，使用面很广。

2. 奶油雕

奶油雕也称黄油雕，它源于西方，常见于大型自助餐酒会及各种美食节。奶油雕给人一种高贵典雅的感觉，可以提高宴会的档次，调节就餐的气氛，有利于装扮出高雅的就餐环境。

3. 巧克力雕

小型巧克力雕是用巧克力块雕刻出各种花、鸟、鱼、虫，形象纯真，逗人喜爱。大型巧克力雕通常是先做好骨架，再将融化的巧克力附着在骨架上进行雕刻。

4. 糖雕

糖雕也称糖艺，是西点制作中的一项基本功，它将糖粉、蛋清、白砂糖等加工后雕成各种惹人喜爱的象形物。糖雕造型逼真形象，尤其是浮翠流丹的色彩，常常令人耳目一新。

5. 冰雕

冰是水在0℃以下冻结形成的，具有一定的硬度，清凉透明，有自然冰和人工冰之分。用冰雕刻而成的各种动物、人物及建筑，极为美丽、壮观。冰可雕刻为盛器，盛装菜肴，也可雕刻成小型花卉、动物、人物形象等，用于装饰餐桌，显得别致，引人注目。

制作好的冰雕，冰体本身的温度以-10℃为宜。过冷的冰雕置于空气中时，空气中的水汽会立即在冰雕表面凝结成微冰晶，使冰雕透明度下降。

6. 豆腐雕

豆腐雕是以具有一定体积的豆腐块为原料，在水中将豆腐雕刻成一定造型的雕刻方法。豆腐雕大多以浮雕为主要雕刻方法，雕刻时手的动作要轻，雕完要用水漂洗掉渣料，以使图像清晰。

7.琼脂雕

人工合成的凝胶冻经水泡发后，放入容器中，用保鲜膜密封，加热溶化后将其倒入形状规则的容器，加色素调匀，待其冷却后雕刻成花、鸟、鱼、虫等形象，这种雕刻方法叫作琼脂雕。琼脂雕作品莹润如玉，可与玉石、玛瑙雕刻作品相媲美，有很好的艺术效果。

任务二　食品雕刻原料与取材原则

一、食品雕刻原料

食品雕刻原料的选择，直接影响到食品雕刻作品的质量。因此，在选择原料时应从造型、大小、色泽等方面着手，这样才能雕刻出理想的作品。适用于食品雕刻的原料很多，具有一定的可塑性、色泽鲜艳、质地细密、坚实脆嫩、新鲜不变质等特点的各类瓜果及蔬菜均可作为食品雕刻原料。另外，很多能够直接食用的可塑性食品，也可作为食品雕刻原料。

常见的食品雕刻原料主要有以下几种：

（一）果蔬类食品雕刻原料

1.白萝卜

白萝卜（见图2-1）（彩图1）又分为普通白萝卜和象牙白萝卜等品种。普通白萝卜呈长圆形，表皮光滑，个体较大；象牙白萝卜也呈长圆形，质地细密脆嫩，颜色洁白。白萝卜可雕刻成花卉、花瓶及整雕的鸟、兽、虫、草、人物、亭阁等。

图2-1　白萝卜

2.心里美萝卜

心里美萝卜又称红心萝卜（见图2-2）（彩图2），除了具有体大肉厚的特点外，其最重要的特点是色泽鲜艳、质地脆嫩，外皮多为绿色，内部呈紫红色。由于它的颜色与某些花卉相似，所以用其雕刻出的花形十分逼真，如紫玫瑰、紫月季、牡丹、菊花等。心里美萝卜除了可用于雕刻各种花卉之外，还可以用来雕刻一些鸟类的身体部位，如头冠、尾羽等，点缀使用。

图2-2　心里美萝卜

3. 青萝卜

青萝卜又称卫青萝卜（见图2-3）（彩图3），是沙窝萝卜、葛沽萝卜等的统称，为十字花科草本植物，呈细长圆筒形，尾端玉白，皮青肉绿，质地脆嫩，形体较大，极耐贮藏，它适用于雕刻形体较大的龙凤、兽类、风景、孔雀、龙舟、凤舟、人物及花卉、花瓶等。

图2-3　青萝卜

4. 南瓜

南瓜又称中国南瓜、北瓜、倭瓜、金瓜、番瓜、饭瓜等（见图2-4）（彩图4），为葫芦科一年生蔓生草本植物，原产于南美洲地区，我国各地广为栽培。其外形呈长筒形、圆球形、扁球形、狭颈形等。一般常用长筒形南瓜进行雕刻，长筒形南瓜又有"牛腿瓜"之称，是雕刻大型食雕作品的上佳材料。用南瓜雕刻的作品，色泽滑润、细腻而柔和、美观而显气魄。南

图2-4　南瓜

瓜适合雕刻黄颜色的花卉、各种动态的鸟类、大型动物，以及人物、亭台楼阁等。空心南瓜可用于雕刻瓜盅、瓜灯、鱼篓、篮筐等。因此，南瓜是食品雕刻的理想材料。

5. 胡萝卜

胡萝卜又称红萝卜、丁香萝卜（见图2-5）（彩图5）。胡萝卜呈长圆锥形，皮色有红、黄、橙等，以橙、黄色为多，其肉质细密，是雕刻菊花、月季花、牵牛花、梅花、金鱼、绣球等的理想原料，也常被用来刻制各种花卉的蕊，以及多种飞禽的喙、爪和各种点缀性附件等，是一种用途广泛的食雕原料。

图2-5　胡萝卜

6. 芋头

天南星科多年生草本植物（见图2-6）（彩图6），原产于印度，我国栽培较多。地下肉质球茎，呈圆、椭圆或长条形，皮薄且粗糙，雕刻中运用较多的种类是荔浦芋、槟榔芋和竹节芋。选择时以形状端正、组织饱满、未长侧芽、无干枯损伤者为佳。芋头适合雕刻人物、禽兽及大型组合雕刻。

图2-6　芋头

7. 冬瓜

冬瓜又称白冬瓜、枕瓜等（见图2-7）（彩图7），为葫芦科一年生蔓生或架生草本植物，原产于我国南部和印度。其外形呈长圆筒形、近球形或圆柱形等，大小因品种而异，果皮呈绿色，可见淡绿色花斑，多数品种的成熟果实表面拥有绒毛和白粉且内空，洗净白粉后可以进行与西瓜相似的浮

图2-7　冬瓜

雕创作，一般主要用来雕刻大型的冬瓜花篮及甲鱼背壳、大型的龙船等。

8.马铃薯

马铃薯又称土豆、洋芋、洋山芋，有的地方也叫山药蛋等（见图2-8）（彩图8）。马铃薯种类很多，我国现在栽培的品种外形有球形、椭圆形、扁圆形等，表皮有黄色、白色、红色的，块茎肉质有白、黄两色。马铃薯没有筋络，肉质细腻，以肉色洁白者用途更广，适于雕刻花卉、动物和人物等作品。

图2-8　马铃薯

9.根甜菜

根甜菜又称红菜头、甜菜根、紫菜头（见图2-9）（彩图9），为两年生草本植物。其根皮、根肉呈紫红色，横切面有紫色环纹，是装饰菜肴、点缀及雕刻花卉的良好材料。

图2-9　根甜菜

10.莴苣

莴苣又称青笋、莴笋、莴菜等（见图2-10）（彩图10），为菊科草本植物。莴苣的嫩茎呈长圆筒形或长圆锥形，肉质细嫩且润泽如玉，多为翠绿色，亦有白中带有淡绿色的。选择时以茎粗大、节间长、质地脆嫩、无枯叶空心者为佳。可用于雕刻龙、翠鸟、菊花以及服饰、绣球、青蛙、螳螂、蝈蝈等。

图2-10　莴苣

11.红薯

红薯又称番薯、甘薯、山芋、地瓜、甜薯、朱薯、枕薯（见图2-11）（彩图11）等，是常见的双子叶草本植物，其蔓细长，茎匍匐地面，肉质呈紫色、白色或黄色，质地细韧致密。可用于雕刻各种花卉、动物、人物和假山等。

图2-11　红薯

12.西瓜

葫芦科，原产于非洲，为夏季优良果品（见图2-12）（彩图12）。西瓜为大型浆果，呈圆形、长圆形或椭圆形。西瓜品种很多，按其表皮颜色可分为绿皮瓜、黑皮瓜、花皮瓜、黄皮瓜，由于其果肉水分太多，故一般是掏空瓜瓤后利用瓜皮雕刻瓜灯或西瓜盅，由于西瓜皮外表和肉质颜色有深浅差异，故常取整个瓜，在其表皮上进行刻画创作，作品具有较高的艺术欣赏价值。另外，由于瓜肉颜色艳丽，也可以将其雕刻成大型的花卉，如牡丹花等。

图2-12　西瓜

13.哈密瓜

哈密瓜又称甘瓜（见图2-13）（彩图13），是甜瓜的一个变种，属葫芦科植物。哈密瓜分网纹、光皮两种，形状有椭圆、卵圆、长棒形等多种，色泽有绿、黄、白等。哈密瓜可以用来刻瓜盅、瓜灯、花篮等，作品具有较高的艺术欣赏价值。

图2-13　哈密瓜

14.黄瓜

黄瓜又称刺瓜、胡瓜、吊瓜、青瓜、王瓜等（见图2-14）（彩图14），为葫芦科一年生蔓生或攀缘草本植物。常用于雕刻船、盅、青蛙、蜻蜓、蝈蝈、螳螂、花卉以及盘边装饰物。黄瓜皮可以单独用来制作拼摆的平面图案，也可根据需要与其他原料配合使用。

图2-14　黄瓜

15.西红柿

西红柿又名番茄、洋柿子（见图2-15）（彩图15）。西红柿品种较多，按其形状可分为圆形、扁圆形、长圆形和桃形，颜色有大红色、粉红色、橙红色和黄色。西红柿色泽鲜艳光亮，成熟时皮肉颜色一致，因其果肉嫩而多汁，故无法刻制出较为复杂的形象，只能利用其皮和外层肉雕刻造型简单的花卉，如荷花、单片状花朵等。除此之外，还可以做拼摆图案的拉花材料及小的点缀物等。

图2-15　西红柿

（二）其他食品雕刻原料

1.蛋类

蛋类如鸡蛋、鸭蛋、松花蛋等，加工成熟后，可以用来雕刻鸟的喙、眼、翅以及各种花形、花篮、金鱼、玉兔、小鹿、小猪、仙桃等。

2.鸡蛋糕

有红、白、黄、绿色等，要选用具有一定面积和厚度、质地均匀细腻、着色一致的鸡蛋糕，主要用来雕刻龙头、凤头、亭阁等物以及较简单的花卉等。

3.肉糕

肉糕有午餐肉糕、鱼泥肉糕等。这类原料雕刻时要求使用粗线条，主要显示轮廓，作品如宝塔、桥等，还可做辅助性原料，用来制作羽毛等。

4.豆腐

豆腐有嫩豆腐和老豆腐两类，是我国传统烹饪原料，其色泽发黄或洁白，质地细嫩，多用于整雕，但由于易碎，雕刻时多将其浸在水中进行，可雕刻成"龙凤呈祥""雄鹰展翅""金鱼戏莲"等作品，极具欣赏价值。

5.琼脂

石花菜或江蓠（属红藻）精华加热至溶化，冷却后凝固而成的海藻制品，呈半透明果冻状，被称为琼脂，多用于整雕或拼盘垫底。琼脂雕刻方法与瓜果雕刻方法相同，可用于雕刻大型的人物、动物等，用其雕刻的作品，色泽鲜艳，如美玉般晶莹透亮。琼脂材料还可以反复使用。

6.黄油

黄油是新鲜牛奶加以搅拌之后上层的浓稠状物体滤去部分水分之后的产物，呈固体形态，可用来雕刻各种奇异的动物和植物等。大型黄油雕刻作品，雕刻前必须先做支架再刷奶油定型，之后再进行雕刻。

食品雕刻原料种类繁多，食品雕刻中还常以冰块、糖、巧克力、面、葡萄糖等为原料，这些原料经过特殊加工，制作成的作品常用于大型冷餐会，做菜肴的点缀之物。

二、食品雕刻取材原则

食品雕刻的取材原则是因造型取材、因形取材、因色取材。

（一）因造型取材

因造型取材就是依据雕刻造型的主题与构思设计的造型形状、姿态而选择相应的原料。例如，雕刻龙船，最好选取弯形的大南瓜，以利于造型，使作品自然、生动、有趣；再如雕刻仙鹤、猴子，其造型应富有动态感，就要选取有利于造型的奇形原料；雕刻花篮，宜选取表皮自然、花纹奇特美观的哈密瓜或者表皮为鳞状、结构奇美的菠萝为原料，这样会取得惟妙惟肖、事半功倍的效果。

（二）因形取材

因形取材就是根据原料的自然造型来构思食品的雕刻造型。食品雕刻原料取材时也要考虑所构思造型的体积大小，选取相适应的原料，尽量避免大材小用，最好是养成因形取材的习惯，这样不但可以加工省时，而且效果也好得多。例如，生姜往往有自然、奇形怪状的特征，这就适合于猴子动态姿势造型的构思灵感，即可用于猴子雕刻造型；另外，生姜也是假山雕刻造型因形取材的原料。

（三）因色取材

因色取材就是依构思造型所需的色彩而选取相应的原料，或者依既有的原料色彩改变构思的配色方案，当然，还要考虑原料的品种、质地以及加工的效果。

食品雕刻原料的应用也有局限性，各种原料的适用范围受原料质地、色彩、特征等条件制约。因此，雕刻原料选材、取材时应该注意各种原料的特性，以取得较好的效果。例如，荷花雕刻造型，选取洋葱做原料，能取得"以假乱真"的效果；其他花卉雕刻造型，选取富含水分的萝卜、莴苣、土豆、南瓜等做原料，也能取得惟妙惟肖的效果；红花绿叶的雕刻造型，选取红菜头、心里美萝卜做花朵，黄瓜、青椒做绿叶，能取得色彩自然的效果；孔雀、凤凰等禽鸟雕刻造型，要选取相应色彩、质地的原料。番茄色彩鲜艳，但质地软，刻制荷花时效果就不及洋葱好，因此一般只用于配色或应用于围边小件的雕刻造型；大白菜叶子可做浪花造型，根茎刻制长丝菊花效果逼真等；肉蛋原料多应用于菜肴围边，做小型雕刻，中大型立雕造型一般不用肉蛋原料，充其量将之作为陪衬物。这些例子都说明食品雕刻原料的应用具有局限性。所以，雕刻原料的选材、取材要恰如其分、恰到好处，既要灵活运用，又要"门当户对"，不能随心所欲。

食品雕刻原料中，瓜果蔬菜有季节性，选取原料要求新鲜、因季节而异，要防止水分蒸发或腐败变质，原料备用时要妥当地放于阴凉、湿度较高的场所，或裹以塑料袋贮存于冰箱冷藏室，食品雕刻半成品或成品的暂时保存，要求同样如此。

任务三　食品雕刻工具应用

俗话说"手巧不如家什妙"，要学好或做好食品雕刻，应事先准备一些必需的雕刻工具，主要是各种刀具。食品雕刻非常讲究刀具的性能，刀具越锐利，雕刻作品时就越干净利落，整体效果就越好。用于食品雕刻的刀具宜锋利、灵便，宜轻薄而不宜沉重、厚笨。雕刻工具的材料多为不锈钢、铜或其他金属。根据用途不同，食品雕刻工具可以分为十余种，常用的食品雕刻工具主要有切刀、主刀、戳刀、掏刀、模具刀、挖球器等。

一、切刀

切刀又称分刀（见图2-16），材料以锋钢为宜，白钢更好，刀身宜薄，主要用于大型雕刻作品的定型，切平接口、切段、切块、切条、切丝，以及对原料进行横切、纵切、斜切，是雕刻造型常用刀具之一。切刀在食品雕刻中应用范围广，如去掉萝卜两端的废料，或者将萝卜横切为两段。在花色冷拼制作中，切刀更是不可缺少的。

图2-16　切刀

二、主刀

主刀又称平面刻刀、直刻刀、手刀（见图2-17），是用于雕刻造型的主要刀具，刀刃长6cm～8cm，宽0.8cm～1.2cm，以白钢打造的最好，刀身以窄而尖为好。主刀是雕刻绝大多数作品的

图2-17　主刀

必备刀具，其用途极广，既适用于大型雕刻，又适用于微雕，故称"万用刀"。运刀锋利流畅及易转弯是其特点，有些熟练的雕刻师甚至能用这把"万用刀"从头至尾雕刻出全部作品。

三、戳刀

（一）圆口戳刀

圆口戳刀又称U形戳刀（见图2-18），按开口尺寸不同，可以分为5~8种型号，这里归纳为3种型号来介绍：小号圆口戳刀主要用来戳花卉的花芯、打槽、旋动物的眼睛、刻鸟类的羽毛等，凡较细小的图案图形均适用小号圆口戳刀；中号圆口戳刀比较常用，可以用来戳各种花卉如菊花、西番莲的花瓣，以及鸟类翅膀的羽毛，各种弧形、圆形等造型均可使用中号圆口戳刀；大号圆口戳刀和中号圆口戳刀的使用方法基本相同。

图2-18　圆口戳刀

（二）三角戳刀

三角戳刀又称V形戳刀、尖口戳刀（见图2-19），刀刃横断面呈三角形，主要用于雕刻一些带齿边的花卉、鸟类羽毛、浮雕作品的花纹等，其执刀、运刀方法与圆口戳刀相同。

图2-19　三角戳刀

（三）挑环刀

挑环刀又称拉环刀（见图2-20），主要使用刀口带钩的部分雕刻，是雕刻西瓜灯等拉环作品时常用的刀具。

四、掏刀

掏刀又称刻线刀、拉刻刀（见图2-21），是一种可灵活运用特殊运刀技能的特种刀具，掏刀最大的特点在于它在运刀方面比传统的U形戳刀、V形戳刀等更加灵活、快捷，其可以处理戳刀或主刀无法到达的深度及死角，用其处理过的作品表面光滑、无刀痕，用其进行雕刻，还可以大大提高雕刻速度，一般制作时间可节省一半以上。例如，制作有深度的花卉，鸟类的身体细节，动物的肌肉、骨骼、血管，人物的脸部和衣纹，瓜的线条，等等。

它可以广泛应用于各种材料的雕刻，如果蔬雕、巧克力雕、琼脂雕、豆腐雕、黄油雕等。

图2-20　挑环刀

图2-21　掏刀

（一）V形掏刀

可以用于雕刻一切带线条的作品，如鸟的绒毛、动物的毛发、鳞片、翅膀、尾羽、衣服褶皱、瓜盅线条、文字等或戳刀、主刀无法处理的死角，一切细线图形均可用其雕刻出来，因此其用途极广。

（二）U形掏刀

可以用于制作有层次的花卉，鸟类的脸部及身体细节，动物的肌肉、骨骼、血管，人物的脸部和衣纹，瓜盅的线条，以及戳刀及主刀无法处理的死角等。

除上述刀具外，成套刀具中往往还备有多种造型的模具刀，如心形、双喜字形、瓦楞形刀具，以及旋刻小圆球的挖球器等。

食品雕刻工具除上述刀具外，从实际需要来说，还必须配备小镊子和小钢锉等工具。小镊子是夹取、黏结小加工件或镶嵌禽鸟动物眼珠的专用工具；小钢锉是修磨V形、U形刀具刃口的专用工具。另外，还需配备胶水以及长、短竹签等，这些都是修补或黏结分雕、组合食品雕刻造型的必备材料。

任务四　食品雕刻手法与刀法

一、食品雕刻手法

食品雕刻手法是指掌握刀具的方法，也就是手握刀具的执刀姿势规范。在雕刻每个造型的全过程中，例如，雕刻花卉，要经历把原料先切削成毛坯，再逐层刻或旋刻出几层花瓣，然后去除余料，最后刻出花芯的全过程，随着造型的不断变化，总要相应地改变不同刀具的使用方法、姿势，这样才能运刀自如、得心应手。

常用的食品雕刻手法主要有以下几种：

（一）执笔手法

执笔手法（见图2-22）（彩图16）是拇指、中指、食指握刀的姿势像握钢笔、铅笔一样，无名指、小指自然弯向手心的手法。运刀时刀具上下左右移动。例如，雕刻禽鸟羽毛、鱼鳞、鱼鳍（尾）纹、花瓣、花芯及圆孔如动物眼球孔，以及浮雕、镂空去余料等时，均采用执笔手法。在运刀时，为确保运刀部位的准确性，无名指与小指要紧贴加工件作支点。

图2-22　执笔手法

（二）横握手法

横握手法（见图2-23）（彩图17）是四指横握刀柄、拇指抵住原料的方法。运刀时拇指要紧贴原料，且随其他四指移动，变换部位时仍采用同样的执刀手法，如削果皮时的手法。例如，刻制花卉毛坯，片刻花瓣，修整造型，去除花瓣、禽鸟羽毛与鱼鳃下余料等时，均采用横握手法。

图2-23　横握手法

（三）直握手法

直握手法（见图2-24）（彩图18）是四指纵握刀柄、拇指贴于刀刃内侧的执刀手法。运刀时，腕部从右至左匀速移动，力度一致，此种手法适用于雕刻表面光洁、形体规则的物体，如各种花卉的坯形、圆球、圆台等。

图2-24　直握手法

（四）戳刀手法

戳刀手法（见图2-25）（彩图19）拇指与食指、中指的握刀手法与执笔手法大致相同，区别是小指与无名指必须按在原料上部以保证运刀准确、不出偏差。此种手法主要是用来握戳刀的，常用于羽毛、菊花等的雕刻。

图2-25　戳刀手法

二、食品雕刻刀法

食品雕刻刀法，即运刀方法，是刀具做切削运动的形式，它随雕刻加工件部位、形状的改变而定，具体的刀法如下：

（一）削

采用横握手法，将原料切削成毛坯、雏形，或修整加工件，对其定型、抛光的刀法。一般有推削与拉削两种。

（二）旋

以螺旋形运刀方法缓慢旋刻花瓣（牡丹、马蹄莲）的刀法，可分为由外向里旋刻与由里向外旋刻两种刀法。一般采用横握手法，使用平面刻刀、弧面刻刀操作。

（三）戳

采用执笔手法，将戳刀插到加工件一定深度运刀的刀法。雕刻禽鸟羽毛、鱼鳞、花瓣、花芯、线条花纹等时均用此刀法。

（四）刻

采用执笔手法，以戳刀等刻出各种花纹造型的广义刀法。其用途较广，根据刀与原料接触的角度可分直刻与斜刻两种刀法。

任务五 食品雕刻的工艺程序

食品雕刻有一定的工艺程序，不能先后更易，造成不必要的返工，影响作品质量。食品雕刻的工艺包括命题、构思、构图、选料、布局、制作、组装点缀7道程序。

一、命题

命题就是确定食品雕刻的内容与形式。它是创作的前提，通常是根据筵席主题来选择作品素材，精心设计造型。

一般应注意以下两点：

（一）雕刻作品要尊重民族风俗习惯以及宾客的喜好

例如，我国婚宴常用"龙凤呈祥""鸳鸯戏水""双喜临门"等造型；寿宴常用"松鹤延年""鹤鹿同春""老寿星"等雕刻题材。日本人筵席上喜用荷花，美国人则较喜爱山茶花，泰国人较喜爱睡莲等。

（二）雕刻作品要具有积极向上的意义并体现艺术性

例如，我国国宴招待外宾时选用"迎宾花篮""友谊常春"等主题较为适宜，这样能体现出热烈欢迎和友谊长存的含义。

二、构思

命题确定后即可进行构思。一般先构思命题内容的造型规格、形式，然后构思符合命题要求的雕刻造型设计蓝图，经反复修改，最后确定构思造型图稿。

三、构图

构图是在构思的基础上将设计好的雕刻形式、布局结构、摆放层次等用笔细致地绘画出来，构图对整个雕刻过程起到指导和纠正的作用，就像施工时的图纸一样必不可少。

四、选料

构思设计图稿定好后，便可进行所需原料的选料工作了。选料时要选择适合构思造型的主、辅原料，要考虑到原料的品种、色彩、形状、体积、质地以及必需的陪衬装饰原料。

选料时除要考虑原料的大小、形状、品种等外，还要考虑到季节因素，如冬季可多用萝卜、芋头等，春季可多用南瓜等，夏季则可多多选用西瓜、冬瓜等原料。有些原料的形状不太规则，如有的萝卜或南瓜呈弯曲状等，可充分利用这种特殊形状，雕刻出一些富有创意的作品来。

五、布局

布局就是依据构思图稿进行具体设计，包括主体造型的形象、姿势、神态与辅助造型的形象如何配合，以及必需的装饰如何加强效果，还要统筹主辅造型与美化装饰的安排，比较后确定最后的方案。

六、制作

制作即依照布局的最后方案进行实际操作。实际雕刻中有先后顺序，主体造型随内容不同先后顺序也不同，辅助造型与美化装饰总是在主体造型完成后再做。

这一程序步骤最为关键，这一关如做不好，其他环节的努力就都是毫无意义的，因此，厨师要有扎实的雕刻基本功、娴熟的技法和一丝不苟的工作态度，技术也要非常全面，不但要能雕花鸟类简易的作品，还要能雕刻龙凤、牛马、鱼虾、瓜盅、瓜灯及人物等较复杂的作品。

七、组装点缀

食品雕刻作品，不论大小，基本都需要黏结和组合，有些作品是在较大的作品上再配小的部件，如凤凰黏上翅膀、尾羽、凤冠等；有些作品是若干个小的作品组合在一起，如假山石、云朵、浪花等黏在一起，形成一个大的作品，黏结时要注意构图美观、造型生动，千万不要死板。

经精心雕刻处理后，作品即进入最后的完成阶段。为了进一步增强作品形象的艺术感染力，雕刻时应对一些主要的关键部位进行必要的点缀，以突出艺术形象，起到画龙点睛的作用。例如，"蛟龙"的须、舌，"仙鹤"的长腿，"雄鹰"的双眼等，在细软脆嫩的原料上雕刻很难达到形体逼真和色彩跳跃的感觉，而选择一些色差较大的食用原料，恰当地嵌在物象的特定位置，则有突出雕刻造型的艺术效果。

雕好的作品摆在盘中或餐台上时，要把作品最精彩的部分展现给客人，对于作品的瑕疵部分，则要想办法遮挡、修饰一下。例如，西瓜灯内可放置特制的小灯泡，作品中可放干冰以烘托气氛等。

　　总之，要尽量使完成的食品雕刻造型形象悦目、比例恰当、色彩调和、神态逼真自然、符合命题的要求，使之完全与筵席的性质、主题相适应，以达到预期的效果。

1.食品雕刻按表现形式可分为哪几种？

2.什么是组合雕刻？其特点是什么？

3.食品雕刻有哪些原料？分别可以雕刻哪些作品？

4.简述食品雕刻有哪些工具。

5.简述食品雕刻有哪些手法和刀法。

6.简述食品雕刻的工艺程序并举例说明。

项目三 食品雕刻造型艺术

任务一　花卉雕刻

　　花是被子植物的繁殖器官，卉是草的总称。花卉分布在世界各地，种类繁多，千姿百态，一般来说气味芳香，有自然生长和人工栽培两种。另外，具有观赏价值的灌木和可以栽培的小乔木也被人们统称为花卉。不同的地区、不同的气候生长的花卉往往不同，其寿命也有长短之分。花卉有独特的生态特征，而且每种花卉都有其不同的象征和寓意。

　　花卉造型是食品雕刻的入门基础造型。学习食品雕刻由花卉造型开始，主要是可以逐渐掌握刀法的运用要领与执刀手法，然后由浅入深、由易到难，循序渐进，便能熟悉雕刻操作技艺。掌握了各种花卉造型的雕刻方法，就能举一反三地学习构思、雕刻其他造型了。

　　雕刻花卉的原料宜选用色彩鲜艳、新鲜脆嫩、质地细密、结实不空、富含水分的瓜或蔬菜根茎等。每种花卉都各有其适用的原料，有的原料则具有通用性。

　　花卉雕刻根据运刀手法与执刀手法的不同，可分为直刀花卉、旋刀花卉、戳刀花卉。

一、直刀花卉

　　直刀花卉就是运用横握手法，通过直刻刀法进行操作，雕刻花卉，使之成型。在雕刻实践中，荷花、茶花、牡丹花、兰花等均运用此种雕刻方法。

下面以荷花为例进行讲解：

实训案例一 荷花

1.造型特征

荷花（见图3-1）花瓣宽大而有尖突，每层一般5个花瓣，共2~3层，层次清晰有序、紧密分布，如众星拱月般围向花芯，荷花花色有白、粉、玫红等。荷花向来有清秀、雅致、纯净的美誉，被赞誉为"出淤泥而不染"。

图3-1 荷花

2.象征花语

高尚、谦虚、坚贞、纯洁等。

3.造型准备

1	原料	心里美萝卜、青萝卜或南瓜等
2	工具	切刀、主刀、戳刀等

4.工艺流程

制坯→刻花瓣→刻花芯→成型。

（1）制坯：下料后，将原料制成顶直径7cm～9cm、底直径约3cm、高约5cm的球冠形。

（2）刻花瓣：用主刀刀尖在花坯上均匀地刻出5个花瓣的形状，再用主刀将每个花瓣刻出。刻完第一层花瓣后，用直刻刀法刻去第一层与第二层之间多余的原料，使原料仍保持球冠状，然后再按上述方法继续刻制。刻花瓣时必须格外小心，以免碰断。

（3）刻花芯：第三层花瓣刻成后，用直刻刀法将中间剩余的原料刻小，使其呈现莲蓬形状。接着用小号圆口戳刀在花芯坯体上戳几个圆柱形小孔，安上同样大小的青萝卜或南瓜柱作为莲子，荷花即刻成。

荷花雕刻技术关键见图3-2（彩图20）。

（1）　　　　　　（2）　　　　　　（3）

图3-2 荷花雕刻技术关键

5.技艺要点

（1）荷花层次不能超过4层；花瓣大小外层最大，依层次递减。

（2）两层花瓣之间的废料一定要去除干净。

（3）花芯要比睡莲的大一倍，用圆口戳刀刻莲蓬时小孔要均匀；荷花与睡莲相比，二者表现形式不同，一个亭立于水上，一个平卧于水面。

6.适用范围

荷花可以和鸳鸯、白鹭、鱼类、荷叶等搭配，既可做盘饰，也可制作组雕看盘，例如，"鸳鸯戏水""连年有余"等。

二、旋刀花卉

旋刀花卉就是运用横握或执笔手法，通过直旋或握刀旋的刀法进行操作，雕刻花卉，使之成型。在雕刻实践中，月季花、马蹄莲、牵牛花等均运用此种方法。

下面以月季花为例进行讲解：

实训案例二　月季花

1.造型特征

月季花（见图3-3）是一种比较常见的花，其花香宜人，沁人心脾，形大而艳丽，有大红、紫、粉红、白等色。月季花花瓣一般为5瓣，层次密而不乱，重叠而生，给人一种高雅、幸福、美满的感觉，是历代文人骚客舞文弄墨的对象，也是一个较好的雕刻素材。

图3-3　月季花

2.象征花语

高贵、纯洁、美丽等。

3.造型准备

1	原料	心里美萝卜等
2	工具	主刀等

4.工艺流程

制坯→刻花瓣→整形→成型。

（1）制坯：取半个心里美萝卜，用主刀削出5个花瓣的初坯。

（2）刻花瓣：用横握手法刻出第一层5片花瓣，去废料。旋刻出第二层的花瓣，使第二层的每个花瓣都在第一层每两片花瓣之间，再旋刻出第三层花瓣，花瓣也要相互交错。雕刻到第四层花瓣时开始收花芯，花瓣边缘要薄，以便于定型。

（3）整形：收完花芯，泡水，再用手为每个花瓣整理形状，整形时中指要在下端顶住花瓣，食指和拇指往下轻压。

5.技艺要点

（1）第一层5个花瓣要对称分布，其余各层花瓣均旋向花芯。

（2）花瓣大小逐层递减，花芯部最小。

（3）每层花瓣顶端、底部稍厚，中部要薄，花瓣顶部呈卷边状。

（4）从第二层开始旋刻花瓣时要使之呈弯形，前后旋刻的花瓣间要留些空隙，也要有些错位，以呈自然形态。

（5）花瓣之间的废料去除时一定要干净利索。

月季花雕刻技术关键见图3-4（彩图21）。

（1）　　　　　　　　（2）

（3）　　　　　　　　（4）

图3-4　月季花雕刻技术关键

6.适用范围

月季花可用作热菜的点缀以及展台、看盘的装饰和补充等，可以用来制作"月季花瓶"以及和鸟类组合制作"鸟语花香"等作品。

三、戳刀花卉

戳刀花卉是利用戳刀工具，运用执笔方法，利用戳的刀法进行操作，制作花卉，使之成型。在雕刻实践中，菊花、西番莲花、睡莲花等均运用此种方法。

下面以菊花为例进行讲解：

实训案例三 菊花

1.造型特征

菊花（见图3-5）也称艺菊，在中国有3000多年的栽培历史，其品种很多，属名贵观赏花卉。

2.象征花语

菊花被视为高雅纯洁的象征，也可代表品行高洁的人，深受古代文人喜爱。

图3-5 菊花

3.造型准备

1	原料	心里美萝卜等
2	工具	主刀、戳刀等

4.工艺流程

（1）选心里美萝卜一根，去皮，将之切成长8cm～10cm的段。

（2）使之大头朝上、小头在下，把小头修成直径约2cm大的圆底。再用小号U形戳刀的大头从顶部往底部依次戳出外层菊花花瓣。

（3）去除第一层和第二层花瓣之间的废料，再戳出第二层花瓣。

（4）用同样的方法戳出第3~5层花瓣，第6层收花芯即可。

5.技艺要点

（1）花瓣的粗细、长短、厚薄要均匀。

（2）花瓣的根部要连在一起，戳花瓣时在戳到距底部2mm的位置要停下。

（3）层与层之间的余料要去除干净。

（4）戳花芯时要包住花瓣，不要弄掉花瓣。

菊花雕刻技术关键见图3-6（彩图22）。

（1）

（2）

（3）

图3-6 菊花雕刻技术关键

6.适用范围

菊花可用作热菜的点缀以及展台、看盘的装饰和补充等，可以和花瓶、花篮及鸟类作品组合。

花卉除可以用上述3种方法雕刻制作外，还可以用黏花和串花等方式制作，既便捷又节省原料，造型也自然大方、逼真。

任务二　禽鸟雕刻

一、禽鸟雕刻概述

天上飞的、地上走的、水里游的统称为禽鸟（见图3-7）。禽鸟种类繁多，千姿百态，在动物世界里也算一个大家族。食品雕刻中的禽鸟造型，往往依据筵席主题而定，借喻美好愿望，起到活跃宴会气氛的作用，备受主宾欢迎。

图3-7　禽鸟

食品雕刻中，禽鸟造型工艺主要要求突出各禽鸟的体形和动态特征，也就是要体现出禽鸟头、颈、身、翅膀、尾、爪、羽毛及瞬时动态8个特征。

禽鸟造型种类繁多，但操作工艺有一个相同点，即依据上述8个特征先雕刻出一个毛坯，即定大型。然后依照所构思的造型，依次雕刻出头、颈、胸、翅膀、身、尾、足或爪，之后雕刻陪衬造型。

还有一种定大型的方法是，依照构思造型的大小、高低把原料先切削成长方块或其他几何形状，然后按上述顺序操作。这种方法对初学者来说很适合，因为初学者往往因估计不足等到头部雕刻好以后才发现禽鸟造型的身体、尾部、足或爪部尺寸不合适，进而导致原料报废。这种方法可以避免这种现象的发生。

二、禽鸟头部

禽鸟头部可分为上面、下面、颜面3个部分。禽鸟的头部包括眼、嘴、脑门、腮部等，各种禽鸟头部的特征区分最明显，如有的有头翎有的没有，鸟嘴有的是长嘴、勾嘴、短嘴有的是扁嘴等。

为了更好地掌握禽鸟头部的雕刻技法，下面介绍几种禽鸟头部的雕刻实例：

实训案例一 喜鹊头

1.造型准备

1	原料	南瓜等
2	工具	主刀、掏刀、戳刀等

2.工艺流程

（1）用主刀刻出喜鹊的额头，注意，应带有一定的弧度，这样可以使鸟头更符合身体比例要求。

（2）定好鸟嘴的宽度，以便于下一步开鸟嘴，用主刀取出鸟的额头和嘴巴之间的距离，使层次感体现出来。

（3）用主刀取出鸟的上喙，注意上喙的弧度和角度，然后取出鸟的下喙，下喙要比上喙短。

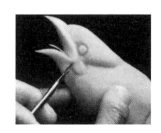

图3-8　喜鹊头

（4）用U形戳刀开出喜鹊的头翎，深度要深一些，以显出层次感，用主刀开出喜鹊的眼睛，眼睛一定要圆而有神，然后用V形掏刀开出喜鹊脸上的绒毛（见图3-8）（彩图23）。

实训案例二　鹰头

1.造型准备

1	原料	南瓜等
2	工具	主刀、掏刀、戳刀等

2.工艺流程

（1）用主刀在原料的两侧各开一刀，定好鹰头的宽度。开鹰嘴一定要开得大一点，并注意鹰嘴上的钩，要表现出力度。

（2）去掉开鹰嘴的废料，用主刀开出鹰眼，鹰眼一定要圆，并且一半眼睛要在眼皮下面，这样看起来更凶猛。

（3）用主刀开出鹰的鼻孔，鹰的鼻子应该比一般鸟类的大一些。

图3-9　鹰头

（4）用主刀或U形戳刀开出鹰头上的毛发，要看起来有力度，用V形掏刀刻出鹰脸上的绒毛（见图3-9）（彩图24）。

实训案例三　公鸡头

1.造型准备

1	原料	南瓜等
2	工具	主刀、掏刀、戳刀等

2.工艺流程

（1）用主刀刻出公鸡的额头，注意，要带有一定的弧度，开上喙并去掉开上喙的废料。

（2）雕刻公鸡的舌头、开下喙并去掉废料，注意，舌头的长度不能超过下喙，上喙要比下喙略长，开出下喙后要留好下喙处的肉坠料。

（3）用U形戳刀戳出头翎，深度要深一些，要能显出层次感，用主刀刻出公鸡的肉坠。

（4）用V形掏刀开出公鸡头上的绒毛，安上鸡冠（见图3-10）（彩图25）。

图3-10　公鸡头

三、禽鸟翅膀

禽鸟造型有一个共同点，就是各种禽鸟的翅膀结构大致相同，只是长短、大小有差别。禽鸟翅膀上的羽毛自前到后依次分布的是小羽、中羽、大羽，小羽为鱼鳞状，中羽稍长些，大羽最长。大羽在禽鸟飞翔时运动的幅度最大，功能最主要，所以大羽也称飞羽。

根据翅膀张开的角度大小不同，禽鸟翅膀可分为闭合时、微张时、飞翔时3种不同的造型。

禽鸟造型中翅羽的雕刻方法是，不论翅膀张开角度大小，雕刻时都先雕出1~2排鱼鳞状小羽，再雕刻稍长的中羽，最后雕刻最长的大羽。这些羽毛随翅膀造型相应排列分布。

实训案例四　简易的翅膀造型

1.造型准备

1	原料	南瓜等
2	工具	主刀、戳刀等

2.工艺流程

（1）用主刀刻出翅膀的大体形状，然后用执笔手法刻出翅膀的边缘，注意，层次要清晰。

（2）用执笔手法刻出第一层小羽，要注意层次感，用U形戳刀戳出第二层中羽，注意，不要一刀戳到底，以免泡水后过度卷曲。

（3）用U形戳刀戳出第三层大羽，注意，不要戳得太深，然后用主刀取下雕好的翅膀即可（见图3-11）（彩图26）。

实训案例五 精细的翅膀造型

1.造型准备

1	原料	南瓜等
2	工具	主刀、戳刀等

2.工艺流程

（1）用主刀刻出翅膀的大体形状，一定要注意控制翅膀的雕刻力度。

（2）用执笔刀法刻出第一层小羽，注意要有层次感。

（3）用主刀和U形戳刀戳出第二层、第三层飞羽及全部羽毛（见图3-12）（彩图27）。

图3-11 简易的翅膀造型　　图3-12 精细的翅膀造型

四、禽鸟尾部

禽鸟尾部的羽毛结构也大致相同，尾羽也有大小、长短、阔狭之分，但是同样的是，小羽在前大羽在后，有的还有边羽。禽鸟的尾羽形状有差别，有平尾羽、圆尾羽、弯尾羽等几种，例如，燕子是剪尾羽，寿带鸟也是剪尾羽但较长，孔雀是开屏尾羽，凤凰是几条长梳状尾羽，锦鸡是几条剑形尾羽，家禽鸡鸭的尾羽又是另一种形状等。

五、禽鸟整体造型

（一）禽鸟造型分析

在禽鸟造型中，人们按中国画技法总结出一套简便的起稿方法，即禽鸟不离球、蛋、扇，其意思是说禽鸟头部为球形，禽鸟的躯体为蛋形，禽鸟尾部为扇形。

在雕刻过程中，根据禽鸟的绘画方法，可先在原料表面勾勒出禽鸟的大体形态进行雕刻，这种定型方法叫图画法；禽鸟的身体结构由几何图形组成，如身体是椭圆形的，脖子是梯形的等，这种定型方法在雕刻过程中应用得最多，叫几何法。

按照块面的形式，可将禽鸟造型划分为4个面，即背部一个面，前部一个面，两侧两个面，鸟头、鸟尾、鸟腿都可以用四个块面来划分。

在雕刻过程中，运用图画法画出鸟体的4个面以后，用主刀把四面多余的原料去除，定大型的方法叫四刀定大型，该法要求刀工精湛，去料时每一刀都不能断，定出大型后再精细加工，把禽鸟的特征雕刻出来。

（二）禽鸟整体造型设计

禽鸟整体造型中要注意以下几点：

（1）当雕刻的作品是两只鸟时，最好一只在上，另一只在其对面靠下的地方，这样上面的鸟俯视、下面的鸟仰视，有一种遥相呼应的感觉。

（2）两只鸟在上下呼应的同时，首尾也要随姿态变化而变化，要做到灵活多变。

（3）禽鸟是作品中的主体物，一定要大一些；树枝是附属体，要小一些，树枝只能作为陪衬物来衬托主体。

（4）禽鸟在构图设计时重心一定要稳。注意，在雕刻每一件作品时，都要首先考虑它的重心是否稳定。

（5）雕刻时要做到聚散得体，尤其是禽鸟，要充分体现啄食、舒羽、栖落、欲飞、嬉戏等状态，使其富有生活意趣，形象逼真传神。

（6）禽鸟陪衬物应与禽鸟生活习性相吻合。

①猛禽类，一般配松柏、怪石、云彩、水浪等。

②水禽类，例如，鸳鸯等，可配荷叶、芦苇及其他水生植物。

③家禽类，例如，鸡等，可配瓜果、蔬菜、篱笆等。

④仙鹤，一般配松柏、云彩等。

⑤孔雀和凤凰，一般配山石、树木、牡丹、月季等。

⑥各种杂鸟，一般配各种花卉、果实、树木等。

（三）禽鸟整体造型工艺流程

实训案例六 喜鹊

1.生态特征

喜鹊（见图3-13）是雀形目鸦科鹊属的一种长尾鸟类，又名鹊。成年喜鹊体长约45cm，身体为黑、白两色，翅膀可呈现绿蓝色光泽。除南美洲、大洋洲与南极洲外，几乎世界各大陆均有分布，欧亚大部可见，非洲北部和北美洲西部也可见。

图3-13　喜鹊

2.象征意义

喜鹊自古以来就是人们所喜爱的鸟类，是好运、福气的象征，寓意吉祥、喜庆、如意。

3.造型准备

1	原料	南瓜等
2	工具	主刀、切刀、掏刀、戳刀、502胶水等

4.工艺流程

（1）选一根略带弧度的南瓜，在两端切下两片料，留作翅膀料。

（2）将原料一头削成斧刃形，用图画法勾出喜鹊的大体轮廓，用主刀雕出喜鹊的嘴及身体的上半部。

（3）应用四刀定大型的技法，将喜鹊划分成4个面，确定翅膀、腿、尾部大体形状。去掉喜鹊身上的4条棱角线，细致地雕出腿部，用U形戳刀戳出喜鹊的尾部。

（4）用步骤（1）中切下的两片料，削出喜鹊的翅膀头及翅膀外轮廓。将翅膀头上的余料去掉，划分羽毛结构，刻画出羽毛结构，去掉多余废料，雕好一对翅膀。

（5）把雕好的翅膀和身体组装在一起，底座雕刻假山、花草即可。

喜鹊雕刻技术关键见图3-14（彩图28）。

| （1） | （2） | （3） |

图3-14 喜鹊雕刻技术关键

5.技艺要点

（1）喜鹊的整体造型要显出活力，四刀定大型时下刀要准确。

（2）尾部要雕刻得灵活。

（3）翅膀要雕刻得细腻、张开，要和身体动态相配合。

（4）点缀组装要恰到好处。

6.适用范围

喜鹊作品常在婚宴、寿宴、庆功宴等宴会中使用，寓意吉祥、喜庆。例如，喜鹊与梅花组成"喜上眉梢""喜鹊登梅"作品，喜鹊与铜钱可组合成"喜在眼前"作品，喜鹊与石榴可组合成"喜得贵子"作品，喜鹊与桥可组合成"鹊桥相会"作品，两个喜鹊可组合成"喜上加喜""双喜临门"作品等。

实训案例七　大天鹅

1.生态特征

大天鹅（见图3-15）属鸭科，体型高大，通体洁白，颈部极长，嘴黑，嘴基有大片黄色，黄色延伸至上喙，侧喙成尖，群居生活，是一种非常漂亮的鸟。不论是在陆地还是在水中，经常把一只脚蜷起。

大天鹅喜欢生活在湖泊、沼泽地带，主要以水生植物为食。

图3-15　大天鹅

2.象征意义

大天鹅保持着一种稀有的"终身伴侣制"，不论取食还是休息时，它们都要成双成对，因此，古往今来，大天鹅都被视为忠诚和爱情永恒的象征。

3.造型准备

1	原料	白萝卜、胡萝卜、南瓜等
2	工具	主刀、切刀、掏刀、戳刀、502胶水等

4.工艺流程

（1）选一根白萝卜，从两端切下两片料，留作翅膀料。

（2）将原料一端削成斧刃形，用图画法勾出大天鹅的大体轮廓。

（3）应用四刀定大型的技法，将大天鹅划分成4个面，确定翅膀、腿、尾部大体形状。用胡萝卜雕刻嘴，粘在大天鹅头部相应位置，然后去掉大天鹅身上的4条棱角线，将身体抛光，细致地雕出腿部，再用U形戳刀戳出尾部。

（4）用步骤（1）中切下的两片料削出翅膀头及翅膀外轮廓。将翅膀头上的余料去掉，划分羽毛结构，刻画出羽毛结构，去掉多余废料，雕好一对翅膀。

（5）把雕好的翅膀和身体组装在一起，底座雕刻浪花、水草等均可（见图3-16）（彩图29）。

图3-16　大天鹅造型

5.技艺要点

（1）大天鹅的头部要雕刻得逼真，粘嘴时要衔接好。

（2）脖子的弧度要控制好，刀走S弯，线条要自然。

（3）大天鹅飞翔造型，动态要自然潇洒，头、颈向前，两足缩起，爪向后方，两翅的飞翔动态要美观，需要注意的是，大天鹅的尾羽不长并微微向上翘，雕刻时要考虑到这个特点。

（4）点缀物要自然、恰到好处。

6.适用范围

大天鹅作品在热菜中可以做盘饰点缀，在筵席、展台、看盘制作中应用广泛，既可和浪花、塔桥等组合成作品"天鹅湖"，也可两只大天鹅和心形玫瑰组合成作品"心心相印"等。

实训案例八 锦鸡

1.生态特征

锦鸡（见图3-17）属雉科，雄性身长约140cm，雌性身长约60cm，生活在海拔2000m～4000m的山地里，不善飞翔，其生性好斗，喜栖于山坡草丛、灌木。雄性羽色华贵，尾较长，美观大方，富有装饰性。雌性大部体色为棕褐色。

图3-17 锦鸡

2.象征意义

锦鸡寓意吉祥，有富贵华丽、锦上添花之意。

3.造型准备

1	原料	南瓜、白萝卜、胡萝卜、青萝卜等
2	工具	主刀、切刀、掏刀、戳刀、502胶水等

4.工艺流程

（1）取一长南瓜做原料，在两端切下两片原料，留作翅膀料，然后将原料的一端修成斜斧刃形。

（2）用图画法在原料上勾勒出锦鸡的轮廓，之后用四刀定大型的技法雕刻出锦鸡身体的4个面。

（3）在斜斧刃形原料上端雕出锦鸡的头顶部及上喙，用小号掏刀划出锦鸡头部结构，把身体棱角抛光，再用U形戳刀戳出锦鸡尾部。

（4）用主刀划出护尾翎及尾部绒毛，取一细长料，用V形戳刀戳出大尾翎上的线条，再用掏刀划出大尾翎两侧的羽毛纹路，将雕好的两个大尾翎粘在锦鸡的尾部。

（5）用步骤（1）中切下的两片料削出翅膀头及翅膀外轮廓，将翅膀头上的余料去掉，划分羽毛结构，刻画出羽毛结构，去掉多余废料，雕好一对展开的翅膀。

（6）把翅膀装上，再点缀以花卉、假山、枝干等即可。

锦鸡雕刻技术关键见图3-18（彩图30）。

（1） （2） （3）

图3-18 锦鸡雕刻技术关键

5.技艺要点

（1）雕刻锦鸡时四刀定大型刀法要准确，要把头羽留出来。

（2）头部雕刻刀法要精细，特征要明显。

（3）锦鸡的长尾要华丽多彩，颜色要搭配得当，身体黏结处要处理得当。

（4）整体造型要动态灵活，因此，翅膀黏结角度要找好，并要恰当地点缀以花草等。

6.适用范围

锦鸡作品适用于喜宴、升学宴和一些其他大型庆祝宴会，其和牡丹、芙蓉搭配有"锦上添花"之意，和长城等建筑组合的作品有"前程似锦""锦绣河山"等。

实训案例九　孔雀

1.生态特征

孔雀（见图3-19）属鸡形目，由于生长地域不同，其形态特征也有差别，有蓝孔雀、绿孔雀、白孔雀、黑孔雀等之分。蓝孔雀主要产于巴基斯坦、印度与斯里兰卡；绿孔雀属国家一级保护动物；白孔雀常常被人工饲养。孔雀喜欢成双成对地活动，极少单独行动，其有足够的飞行能力。孔雀头部较小，头上有竖立的羽毛，嘴较坚硬。雄孔雀羽毛很美丽，有很长的尾屏，而雌孔雀无尾屏，羽毛色彩也较差。

图3-19 孔雀

2.象征意义

孔雀被视为自然界中的"百鸟之王"，被人们认为是最美丽的观赏鸟，是吉祥、善良、华贵的象征。

3.造型准备

1	原料	南瓜、白萝卜、胡萝卜、青萝卜等
2	工具	主刀、切刀、掏刀、戳刀、502胶水等

4.工艺流程

（1）取一长南瓜，按一定斜度固定在底座上，将南瓜去皮，用主刀在南瓜上端开一斜斧刃形。

（2）在斧刃形原料部位雕出孔雀头，用主刀往下依次雕出孔雀的脖颈及腹部，然后用主刀去掉脖颈上的棱角线，用掏刀划出脖颈结构，用主刀划出头与脖颈上的羽毛。

（3）用主刀依次雕出孔雀的腿及尾羽外轮廓，戳出护尾，刻出护尾翎（左右各3条）。

（4）另取南瓜薄片，雕刻出两个张开的翅膀。

（5）取长方形南瓜厚片雕刻出小的尾翎，从后往前粘在孔雀的身上、护尾的下面。

（6）用主刀雕刻出冠羽，将之安在孔雀头顶，再安装上翅膀。

（7）最后雕刻出假山、枝干等，点缀上花卉即可。

孔雀雕刻技术关键见图3-20（彩图31）。

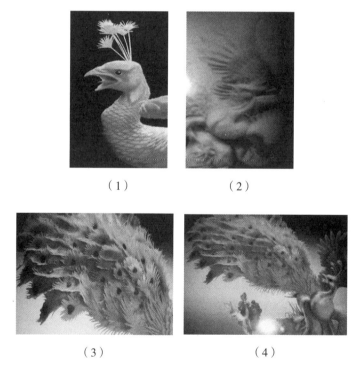

（1）　　　　　　　　　　（2）

（3）　　　　　　　　　　（4）

图3-20　孔雀雕刻技术关键

5.技艺要点

（1）孔雀额头是三角形的，头上的冠羽一定要突出"奇、特、美"的特点，粘尾翎时尾翎一定要展开，造型要绚丽多彩。

（2）孔雀的尾翎形状如狭长的鱼身骨，两边呈梳针状，末端可以用雕刻成心形的胡萝卜片或车厘子点缀美化。

（3）孔雀的动态造型除开屏外，两腿的站立姿势可一前一后，也可一站一提，头部也宜自然地左顾右盼或后顾。

（4）孔雀的陪衬造型宜素淡，色彩太艳会冲淡孔雀自身绚丽高雅的姿态。

6. 适用范围

孔雀作品适用于各种宴会，既可制作看盘，也可制作大型展台，代表作品有"孔雀迎宾"等，寓意吉祥如意、高雅富贵。

实训案例十 凤凰

1. 生态特征

凤凰（见图3-21）是传说中的一种神禽，其综合了自然界中飞禽的特点。传说凤凰为"八似之物"，拥有锦鸡似的头、鹦鹉似的嘴、孔雀似的脖、鸳鸯似的身、仙鹤似的足、大鹏似的翅、孔雀似的毛、如意似的冠。

凤凰具体可分为凤和凰两种，雄者为凤，雌者为凰，凤又是凤凰的简称，凤凰是中国神话传说中的"百鸟之王"。

图3-21 凤凰

2. 象征意义

凤凰和龙一样是中华民族特有的传统吉祥物，象征着吉庆、安宁、祥瑞和高贵，其是美丽的化身，传说其能腾云驾雾，飞到哪里哪里就会变得生机勃勃，充满灵气。也有用其来形容美满爱情的，如鸾凤和鸣。

3. 造型准备

1	原料	南瓜、白萝卜、胡萝卜、青萝卜等
2	工具	主刀、掏刀、戳刀、502胶水等

4. 工艺流程

（1）取一长南瓜，去两端，将一端削成斧刃形，在斧刃形原料一端先雕出凤嘴及头羽。

（2）依次往下雕出下颌处的肉坠及凤胆，并用四刀定大型技法雕出凤的身形，用主刀把棱角抛光，再雕出下面的足。

（3）用V形戳刀戳出脖子上的羽毛，再戳出护尾。

（4）取一块南瓜，刮去表皮，先用双线拉刻刀拉刻出凤尾羽骨，使之呈"S"形，再用掏刀及主刀刻出护尾翎（3条）细节，要呈飘逸形状，将3条护尾翎粘在护尾下。

（5）另取两片南瓜薄片，刻出凤的一对翅膀，用掏刀刻出中羽，注意，内侧是由外向里排列的等，再刻出大羽。

（6）选一小块南瓜薄料，用主刀雕刻出凤冠，再雕刻出一对相思羽。

（7）底座雕刻假山、枝干、花卉等作为点缀，最后组装完成即可。

5. 技艺要点

（1）凤凰是民间传说中的吉祥物，其体形特征来自孔雀的变形虚构，是俊秀、美好、吉祥的化身。因此，其构思造型只能以传统规范为依据，也可适当夸张冠羽、尾羽的特征美，对雄凤也可夸张相思羽的造型。

（2）构思凤凰造型时忌凤头、身、尾成一条直线，要尽可能地使凤头与凤尾方向不同，尤其是凤尾的3条护尾翎，动态要自然、灵动。

（3）凤凰身上的羽毛及翅羽、尾羽要刻得清晰，羽下的余料要去除干净，以突出立体感。

（4）凤凰的腿、足趾姿态要自然，忌呆板地并排站立，双腿宜一站一提，腿、足屈曲角度要自然随意，但也要考虑与整体动态相匹配。

（5）不站立的凤凰造型，只要有动态美，效果同样会很好。

凤凰雕刻技术关键见图3-22（彩图32）。

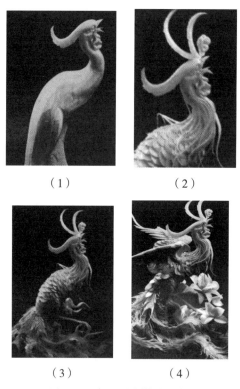

（1）　　　　　（2）

（3）　　　　　（4）

图3-22　凤凰雕刻技术关键

6. 适用范围

凤凰造型既适用于做热菜的点缀，也可应用于筵席、看盘、大型展台布置装饰，代表作品有"丹凤朝阳""百鸟朝凤""凤戏牡丹""龙凤呈祥"等，适用于家宴、喜宴、升学宴、寿宴等。

任务三　畜兽雕刻

一、畜兽雕刻概述

兽类是动物界进化地位最高的自然类群，兽类属于脊椎动物中的哺乳纲，是由爬行类进化而来的。从进化的程度来说，可分为原兽类，如鸭嘴兽、针鼹等卵生动物，它们是兽类中最原始的一类；后兽类，这一类动物虽较原兽类进化程度高些，但也属于古老低等的一类；真兽类，这一类是现生兽类中最高等的哺乳动物，是脊椎动物甚至整个动物界中进化地位最高的类群。

食品雕刻中，畜兽造型的品种很多，均可采用象形或变形、夸张卡通式的形式构思塑造，但是，必须事先了解清楚筵席或宴会的宾主宗教信仰及风俗习惯，不能构思雕刻不相宜的畜兽造型，以免产生麻烦。

食品雕刻中，畜兽造型受人们欢迎的有"骏马奔腾"（马）、"任重道远"（骆驼）、"牧童短笛"（牛）、"稳如泰山"（白熊）、"文质彬彬"（熊猫）等主题，生肖造型是食雕中常用的品种。

雕刻畜兽造型除要突出畜兽的体形特征外，重要的是突出其瞬时动态特征，可以选取一个最佳角度来构思造型，必要时也可以用夸张的手法突出动态特征，以取得更好的效果。

二、畜兽整体造型设计

（一）畜兽类造型分析

通过雕刻手法表现畜兽类，要做到比例、结构准确，神态形象，动感自然，特征分明。

（二）畜兽类造型形式和表现手法

根据动物的内部结构和外部特点、动物的生活环境和习惯，分析和认识动物的体型、动态性格、习性等，并结合写实、夸张、装饰的手法来塑造完美的畜兽类形象。

1.结构

形体解剖关系不同的动物，有各自不同的结构特征。

2.比例

世界上的一切动物都有它自身的比例特征，处于伸展、蜷缩、蹲伏、跳跃等形态时，身体比例也会出现不同的变化。

3.体型

动物的体型大致可分为3类：肥型、瘦型、肥瘦相间型。一般来说，动作迟缓的兽类多肥胖，反应敏捷的兽类多偏瘦。

4.动作神态

畜兽类通常所表现的动态有立、卧、行、奔、跃、抓、挠、蹬、滚、啃、叫、食、扑、咬、舐等；神态有竖身、直脖、张嘴、翘尾、夹尾、抬头、挺胸、低头、垂胯等；势态有欲飞、欲跳、欲屈、欲舞、欲伏等。

（三）畜兽类造型设计

1.对整体姿态及重心方面的要求

在设计畜兽类造型时，一定要提前对畜兽类姿态进行合理安排和布局，然后设计整体姿态，作品雕完后重心一定要稳，不能倾倒。

2.对陪衬物的要求

在设计畜兽类造型时，要根据畜兽类的基本特征，将生活习性与陪衬物联系在一起，如设计雄狮造型时，就要想到以杂草或岩石、枯木、森林等做陪衬物，从而起到烘托气氛的作用；设计骏马造型时，最好以浪花、云朵或杂草为陪衬物，这样能起到渲染骏马英雄气势的作用。

三、畜兽造型设计实例

实训案例一 马

1.生态特征

马（见图3-23）是草食性家畜，在几千年前被人类驯服，在古代主要被用作交通工具或被用来从事农业生产。

马的头面平直偏长，耳短，四肢长，骨骼坚实，肌腱和韧带发育良好。马的颜色有黑色、栗色、褐色、奶油色和白色等，马对气味和声音的辨别能力很强，路途识别能力也强，能从数百里以外的地方返回原地。

图3-23　马

2.象征意义

马腿长，可以快速奔跑，是人类不可缺少的忠实伙伴。马的肌肉发达，奔跑姿势非常健美、潇洒，是成熟、稳健、力量的象征。

3.适用范围

适用于热菜点缀、看盘布置装饰以及大型展台的组合装饰，可用于开业宴、奠基宴、饯行宴、商务合作宴等。

4.造型准备

1	原料	南瓜、芋头、红薯、青萝卜等
2	工具	主刀、掏刀、戳刀、502胶水等

5.工艺流程

（1）取一略带弯度的南瓜，去掉根部，在有弧度的上端再粘上一块料，用于雕刻马头。

（2）先用主刀从原料的最上端下刀，雕出马头及马脖子，然后用大号掏刀拉刻出眼眶、凸起的鼻部和脸部，再用中号掏刀刻出嘴部唇线，用主刀刻出嘴的细节和牙齿。

（3）用四刀定大型的方法雕出马的整体外形轮廓，再雕出马腹部以下的岩石。

（4）取一块薄的斧刃形原料，黏合在马脖子上，用主刀划出马鬃飘摆的弧度。

（5）将马的身体抛光，去掉多余棱角，修饰光滑，再用U形掏刀刻出马身上及腿部的肌肉块，以增强马的力量感和结实感。

（6）取一块南瓜料，用主刀刻出马尾大形，用V形掏刀刻出马尾线条。

（7）用青萝卜雕出青草，粘在底座上，最后安上马尾即可。

马的雕刻技术关键见图3-24（彩图33）。

（1）　　　　　　　（2）

图3-24　马的雕刻技术关键

6.技艺要点

（1）雕刻马的造型时，难在马面的塑造，四肢、尾巴的动态刻画，以及全身比例的掌握方面，其中，马头、马面与马身的肌肉感是造型关键。

（2）必要时也可采取先局部分雕再组合的形式，马头、马尾分雕插接黏合。

（3）大型立雕马，往往要雕刻陪衬造型，一是作点缀，二是作为支持点。

实训案例二 梅花鹿

1.生态特征

梅花鹿（见图3-25）为中型鹿，体长1.3m~1.5m，肩高0.85m~1.0m，尾长约0.2m，体重80kg~130kg。梅花鹿体毛为棕红色，有白色斑点，因酷似梅花而得名。其头略圆，颜面部较长，鼻端裸露，眼大而圆，眶下腺呈裂状，泪窝明显，耳大直立；颈细长，躯干适中，四肢细长，主蹄狭尖，侧蹄小，尾短，臀部有明显的白色块斑。夏季毛色较鲜艳，白色梅花斑明显，冬季毛色略比夏季毛色深，有绒毛，有的无白

图3-25 梅花鹿

色斑点，有的白色斑点隐约可见。仅雄性具角，共有四叉，眉叉向前斜伸，与主干成一钝角，第二枝位较高，因此人们常误认为它没有第二枝，主干在末端分成两小枝。幼兽体色较鲜艳，体背及体侧有密集的白色斑点。

2.象征意义

古人称鹿为"仙兽"。鹿，谐音"禄"，有"高官厚禄"和"福禄"的含义。梅花鹿常和寿翁一起出现，寿翁配有葫芦，寓意"福禄寿"。

3.适用范围

梅花鹿造型适用于作热菜的点缀、看盘的布置装饰以及大型展台装饰，常和圣诞老人组合，用于圣诞展台，与仙鹤、寿星组合的作品则常应用于寿宴等。

4.造型准备

1	原料	南瓜、芋头、红薯、胡萝卜等
2	工具	主刀、掏刀、戳刀、502胶水等

5.工艺流程

（1）取两块芋头，将其黏结成略带弯度的形状，原料两端去掉厚皮、切成薄梯形，再取其中一块薄料，顺长接在主原料上面，待用。

（2）先用主刀从原料的最上端下刀，雕出鹿头上半部，再用胡萝卜雕鹿角的外轮廓。

（3）用四刀定大型的方法雕出鹿的整体身形，根据动态造型雕刻出四肢，再雕出下面的山石。

（4）细致地雕出鹿眼及鹿身结构，去掉棱角线，将鹿的整体身形修饰光滑，制作梅花，将之镶嵌在脊背上。

（5）雕刻一对鹿耳朵，粘上，把鹿角修整好，再装上鹿尾，点缀绿草即可（见图3-26）。

图3-26 梅花鹿造型

6.技艺要点

（1）梅花鹿一般都做奔跑状，在雕刻时身体动态要灵活、线条要优美、比例要恰当。

（2）雕刻梅花鹿造型时，难点在于头部的塑造，既要消瘦骨感，鹿角又要张开，长度还要合适。

（3）鹿腿要修长，四肢和身体比例应得当。

（4）雕刻整体造型时，要雕刻陪衬造型，当作点缀和支持点。

实训案例三 龙

1.龙的概述

龙（见图3-27）是不存在于生物界的一种虚拟生物，传说中的龙为"九似之物"——角似鹿、头似驼、眼似鬼、项似蛇、腹似蜃、鳞似鲤、爪似鹰、掌似虎、耳似牛。龙虽不存在于生物界，但它来源于生物界，是多种动物的综合体。龙起源于原始氏族社会的图腾崇拜，它是由许多动物图腾综合起来的虚拟物。随着历史的发展，龙演变和升华为"中国神龙"，成为中华民族文化的一部分。

图3-27 龙

2.象征意义

龙是人们心中的神物，其威风神勇，能上天入地、呼风唤雨、翻江倒海，有一种不可抗拒的威严，象征着强盛、威武、积极向上和不可侵犯。因各民族、各地区对龙的理解不同，龙的雕刻方法也多种多样，形式也千变万化。龙的凶猛主要取决于它的隆鼻、张嘴、獠牙、凶眼、翘角以及胡须、长鬃发等，给人一种威严、凶猛之感。

3.适用范围

龙的雕刻作品主要有"龙腾盛世""龙马精神""龙凤呈祥"等，适用于热菜点缀、看盘装饰及在大型展台单独使用、组合使用等，适用的筵席有国宴、商务宴等。

4.造型准备

1	原料	南瓜、白萝卜、青萝卜、胡萝卜等
2	工具	主刀、掏刀、戳刀、502胶水、竹签等

5.工艺流程

（1）龙头造型

①取一小块南瓜。

②将其用主刀削成长梯形。

③在梯形原料最前端下刀，雕出龙的鼻尖和鼻孔下方的龙须。

④依次雕出鼻梁、额头及龙眼。

⑤用主刀在鼻翼后面下刀，雕出龙嘴（注意弧度）和獠牙。

⑥依次雕出龙耳及龙腮，将龙头上的龙角根部雕出，再细致地修饰龙额头及下颚胡须。

⑦取一块长斧刃形原料，细致地雕出龙角；再取一块大的斧刃形原料，用主刀在上面划出弯曲、飘摆的龙发。

⑧取3块薄斧刃形原料，一块用主刀划出龙须，另一块用主刀划出舌头，最后一块用主刀在上边划出腮刺。

⑨取一小块料，用V形戳刀戳出龙眉。

⑩所有部件雕完后再组装到一起。

（2）龙尾造型

①取一块长、薄斧刃形原料。

②用主刀在长、薄斧刃形原料的最上端下刀，划出龙尾的上半部，使之呈曲线状。

③用主刀细致地划出龙身上的鳞片和龙尾上的纹路。

④取一块长、薄原料，用主刀划出龙的背鳍。

⑤组装完成。

（3）龙爪造型

①取一长斧刃形原料。

②先用平口刀在最前端雕出龙爪尖及小腿、大腿的上部。

③依次将小腿及大腿的下部雕出，用平口刀划出大腿上的火焰和鳞片。

④取两块小料，分别雕出龙爪的外爪和内爪。

⑤组装完成。

（4）整龙造型

①取一长形原料，去掉两端，用刀将原料分成四等份。

②取其中一份，先雕出龙颈，注意要有弧度，再依次雕出龙身中段和尾部段。

③取一块薄斧刃形原料，用刀划出龙尾。

④将龙颈、龙身中段和龙尾段组合在一起，然后在黏结组合好的龙身上划出腹甲。

⑤取斧刃形原料两块，分别雕出龙的两条前腿。

⑥取一梯形原料，细致地雕出龙头。

⑦取一长、薄原料，用刀划出龙嘴吐出的水柱；再取一块原料，雕出云彩及浪花。

⑧取一薄料，依次雕出龙身上的背鳍。

⑨将所有雕好的附属体与龙身组装在一起，再细致地刻画龙身，直至完成。

6.技艺要点

（1）龙是民间传说中的吉祥物，是高贵、威严、吉祥的化身，其体形特征由9

种动物的部分体形特征虚构、组合而成，因此，构思龙的造型也只能依照传统规范进行，也可适当夸张，例如，对龙爪、龙尾、龙角、龙牙、龙须、龙发进行夸张处理。

（2）龙的造型可部分采用变形、简化、夸张手法，常见的有：龙牙只刻上下两只大尖牙；龙发只刻长发，不刻短发；龙口腔内刻龙舌，或加圆珠；龙角刻成鹿角；龙爪放大夸张；龙尾刻成金鱼尾、波浪形等。

（3）龙的造型可以多种多样，如卧龙、飞龙（垂直穿入云霄的龙、回旋的龙、空中俯冲的龙等）、盘龙等，有"双龙抢珠""蛟龙戏珠""盘龙吸水""龙凤呈祥""龙飞凤舞""游龙戏凤"等主题造型，题材多，形式丰富，不胜枚举。

（4）要想突出龙的动态造型，除可对龙身、祥云进行艺术处理外，龙头、龙尾、龙腿、龙爪的动态角度变化，以及龙口的大小，均可表现出来。

（5）构思与龙有关的造型时，往往离不开云的陪衬，适当地巧妙布局，更能烘托龙的动态形象，使之风采倍增。

龙的雕刻技术关键见图3-28（彩图34）。

图3-28　龙的雕刻技术关键

实训案例四　麒麟

1.麒麟概述

麒麟（见图3-29）是中国古人创造出来的虚幻生物，人们把喜爱的动物所具备的优点全部集中在麒麟这一幻想中的神兽身上。中国众多民间传说中，关于麒麟的故事虽然不是很多，但民众生活中它的影子无处不在。从外部形状上看，其头像龙头，尾巴像牛尾，蹄子像马蹄等，它被古人视为神兽、仁兽。

2.象征意义

麒麟，是仁慈和祥瑞的象征，因此被认为是祥瑞之兽、吉祥神兽，主太平、长寿。人们常用麒麟来比喻杰出之人。据说，麒麟只在太平盛世出现，因此其集祥瑞、通灵、显贵等寓意于一身，又有"麒麟送子"之说，而且，人们认为麒麟可辟邪并能招财进宝，有美好、吉祥的寓意。

图3-29　麒麟

3.适用范围

麒麟造型作品主要有"麒麟吐玉书""麒麟送子""麒麟祥瑞"等，适用于国宴、商务宴、满月宴等。

4.造型准备

1	原料	南瓜等
2	工具	主刀、掏刀、戳刀、502胶水、竹签等

5.工艺流程

（1）取一弯形南瓜，根据麒麟的姿态（类似马的形态），刻出身体大坯。

（2）用掏刀刻出麒麟的前后大形，身形不要开得太瘦，然后用主刀和掏刀修出麒麟的四肢大形并修整成型。

（3）用主刀划出麒麟身上的鳞片，然后将其余原料刻成云彩状。

（4）另取一块南瓜，用主刀刻出龙头的大形以及龙嘴，龙嘴的弧度一定要大，以突出气势；用主刀刻出龙眼和龙牙，龙眼要大，龙牙要尖、要弯；刻出龙发，注意，龙发要有弯度，以显示出飘逸感。

（5）另取一块料，刻出麒麟的尾巴（为突出其神兽特征，食品雕刻中麒麟造型常用龙尾）。

（6）将头、尾粘在麒麟身体的相应部位，安上背部装饰物即可。

麒麟的雕刻技术关键见图3-30（彩图35）。

6.技艺要点

（1）麒麟脖子和身体的连接弧度要自然，动态造型看起来要灵活。

（2）龙头雕刻得要有气势，龙牙要尖、要弯，龙发的弯度要显示出飘逸感。

（3）麒麟的四肢要雕刻得动态、灵活，要注意着力点。

（4）雕刻麒麟身上的纹路时要去掉很多废料，所以在定麒麟大形时要提前留够料，以免刻了纹路之后麒麟身体变得过小。

（5）头部、尾部要和身体动态一致且要比例恰当。

（6）玉书、云彩等要点缀恰当，不要喧宾夺主。

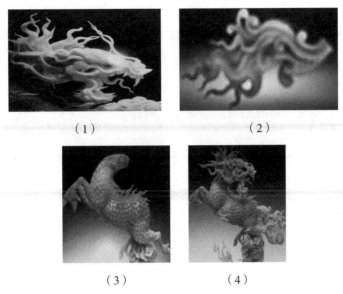

（1）　　　　　　　　　　（2）

（3）　　　　　　　　　　（4）

图3-30 麒麟的雕刻技术关键

任务四 水产、昆虫雕刻

一、食品雕刻水产造型

食品雕刻水产造型品种不多，常见的有鱼、虾、蟹等，其中又以鱼应用最多。食品雕刻水产造型主题：鲤鱼的"鲤鱼跳龙门""年年有余"；金鱼的"金玉满堂""金鱼戏荷""金鱼吐珠"等；神仙鱼的"神仙会""神仙乐园"等；虾蟹的"虾兵蟹将"等，除此之外，虾蟹多作菜肴围边中的点缀之物。

鱼的动态造型往往要用水的形象来衬托。所谓"鱼儿离不开水"，就说明了鱼与水的密切关系，二者是相辅相成、相映成趣的。没有水的造型做陪衬，鱼的造型即使很活、很美，也显示不出它的"生命感"。所以，雕刻鱼的造型作品时，鱼与水的动态感要求越活越好，以达到视觉上"像真的一样"的效果，从艺术观点来说，就是鱼与水的形态要"形似神似"。

虾蟹造型要以写实形式达到"像真的一样"的效果是不容易的，因此一般采用变形、夸张的手法，只要基本特征突出、色彩像真就可以。

实训案例一 虾

1.生态特征

虾属节肢动物，甲壳类，种类很多，不同种类的虾在结构上有自己的特征。虾一般由头、胸、足、身、尾五大部分组成。

2.象征意义

游虾是灵动、活泼、可爱的象征，深受人们喜爱。

3.适用范围

游虾造型作品栩栩如生，充满神韵，主要适用于热菜的装饰点缀，以及以海鲜为主题的看盘制作等。

4.造型准备

1	原料	南瓜等
2	工具	主刀、戳刀、掏刀、502胶水等

5.工艺流程

（1）取一南瓜薄片，用主刀刻出虾身体的曲线，曲线形态决定了虾的生动程度。

（2）用主刀刻出虾体尾部的曲线，尾部要弯曲些；用主刀雕出虾头两侧的大形，使虾的头部变窄；开出虾枪，虾枪要与虾头部平行。

（3）雕刻虾头的大形时要把握好下刀的深度，太深的话后面刻虾腿时虾腿易断掉。

（4）刻出虾节的弧度并去掉废料，以使虾节有层次感；刻出虾尾，虾尾要呈扇形。

（5）用主刀随着虾身的弧度划出虾身下的双线，用V形戳刀戳出虾腿。

（6）用主刀雕出水草，用掏刀刻出假山大形，组装在一起即可。

虾的雕刻技术关键见图3-31（彩图36）。

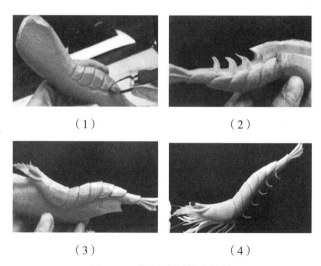

（1） （2）

（3） （4）

图3-31 虾的雕刻技术关键

6.技艺要点

（1）以莴笋雕刻河虾造型效果好，会呈现水汪汪的效果；以胡萝卜雕刻海虾要比以南瓜作原料效果好得多，色彩会更亮。

（2）虾的造型重点是两只长足的雕刻，既细长又要有节肢，一般用象形手法雕刻。

（3）注意虾头、虾身、虾尾的比例以及虾身的弯度。

实训案例二　鲤鱼

1.生态特征

鲤鱼属于鲤科，分布于世界各地，是一种常见的淡水鱼。其体表布满鳞片，口略小且向外突出，有两对触须，背鳍和腹鳍都有硬刺。鲤鱼有很强的生命力，能耐高温和污水，生长速度快，有很高的利用价值。

2.象征意义

鲤鱼是我国传统文化中的吉祥物，我国民间有很多关于鲤鱼的传说。鱼与玉、余谐音，因此寓意喜庆、财富多多等。

3.适用范围

鲤鱼造型作品适用于热菜的装饰点缀及家宴、年夜宴、喜宴等的看盘制作。

4.造型准备

1	原料	南瓜、白萝卜等
2	工具	主刀、掏刀、戳刀、502胶水等

5.工艺流程

（1）取略带弯度的南瓜原料一段并去掉外皮。

（2）在南瓜原料横切面上画出鲤鱼大体轮廓。

（3）用主刀依次将鲤鱼的嘴部、腹部、尾部大体轮廓雕出；用平口刀将鲤鱼身形修饰好，划出鳞片等，并加以细刻。

（4）再取一块南瓜小料，用刀依次雕出胸鳍、背鳍、腹鳍、触须。

（5）用浪花、大钱做点缀，然后组装完成即可。

鲤鱼的雕刻技术关键见图3-32（彩图37）。

（1）　　　　　　　　（2）　　　　　　　　（3）

图3-32　鲤鱼的雕刻技术关键

6.技艺要点

（1）在雕刻以浪花鲤鱼为主题的造型时，要突出鲤鱼跃出水面的动态，要求鱼与水的动态都要活、自然有力。

（2）鲤鱼头大、口张大、尾上翘的动态都属夸张手法，目的都是突出主题。

（3）鱼鳍、鱼鳞都属写实手法，没有它就不能突出鱼的主题，特别是在雕刻"年年有余"造型时，鱼的形象特别重要，浪花则可以省去。

二、食品雕刻昆虫造型

食品雕刻昆虫造型的品种不多，这是因为具有观赏价值的昆虫品种有限，常见的食品雕刻昆虫造型有蝴蝶、蟋蟀、蜻蜓几种，而常作为雕刻主题的一般是蝴蝶，例如，"彩蝶纷飞""彩蝶争艳""蝶恋花"等作品，偶尔也有"蜻蜓嬉荷""蜻蜓点水"主题造型，至于蟋蟀等，则多作为菜肴围边的个别点缀品，一般上不了高档宴会的桌面。

昆虫造型原料选取较容易，费材也不多，雕刻时一般采用突出基本特征的写意形式，有时也采用变形、夸张手法。

实训案例三　**蟋蟀**

1.造型特征

头三角形，方颈，胖身，眼大，触须长，前翅短，后翅长，后腿长而粗大，尾部有尖刺。蟋蟀的动态造型特征是前翅活动频繁，后腿频频跳跃。

2.造型准备

1	原料	黄瓜、赤豆等
2	工具	主刀、戳刀等

3.工艺流程

（1）将黄瓜原料刻成长梯形毛坯。

（2）用主刀刻出蟋蟀的头部、颈部形状，同时用V形戳刀戳出约两寸长的前小足。

（3）刻出腹部形状，用V形戳刀戳出蟋蟀腹部的细条纹与尾部的尖刺。

（4）用U形戳刀戳出蟋蟀背部前翅与后翅。

（5）另刻两条弯曲角度不同的后腿，插接在胸部两侧。

（6）头部嵌粒赤豆作眼睛，插入虾须两根作触须（见图3-33）（彩图38）。

图3-33　蟋蟀造型

4.技艺要点

（1）蟋蟀造型要突出头部与两后腿，两后腿的跳跃姿势是造型的重点。

（2）蟋蟀的前翅要比后翅高一些，以象征前翅在擦动，蟋蟀在鸣叫。

（3）蟋蟀造型多数作为围边点缀使用，也可作为立雕的陪衬，这时候要注意蟋蟀造型与主体造型间的比例关系，不能失真。

任务五　器物与景观雕刻

在一些中餐宴会或食品雕刻比赛中，我们经常可以欣赏到器物和景观造型，如花瓶、花篮、鱼篓、桶、鼎、船、车、楼、亭、门、桥、阁、塔、柱等逗人喜爱的造型，它们被用来烘托筵席的气氛或装饰、美化菜品，能给人以触景生情的感受。器物和景观造型也因此被誉为"厨艺杰作""艺术珍品"。

一、器物雕刻

器物雕刻是把食品原料雕刻成逗人喜爱的器物造型或器物造型与其他造型如花鸟鱼虫、动物、人物等的组合，用于装饰美化。

（一）适用器物雕刻的食品原料

南瓜、胡萝卜最佳，其次是芋头等。

（二）器物雕刻常用工具

主刀、戳刀、掏刀。

（三）器物雕刻的步骤

确定主题→设计造型→选择原料→初步制作→细工雕刻→精细修饰→组合应用。

下面以器物雕刻作品"渔家乐"为例进行介绍：

实训案例一 器物雕刻：渔家乐

1.造型准备

1	原料	南瓜、胡萝卜、青萝卜、白萝卜等
2	工具	主刀、戳刀、掏刀等

2.工艺流程

（1）取南瓜原料一块，用主刀刻出鱼篓的外形初坯。

（2）根据鱼篓的外形结构特征，用主刀和戳刀细工雕刻出鱼篓造型，包括竹篾、交错的花纹等。

（3）用胡萝卜、青萝卜雕刻游虾，以白萝卜为原料，用主刀修出浪花形状，再用掏刀刻出浪花水纹。

（4）根据菜点装饰需求，将作品组装在一起（见图3-34）（彩图39）。

器物雕刻主题要与宴会和菜点相吻合，确定器物雕刻的对象，如器物雕刻作品"渔家乐"，就要认真构思、设计竹篓的形状及虾的动态特征，依原料形状或器物需求选用整雕法或零雕整装法。初步制作时要先确定竹篓及虾的形状结构及造型。细工雕刻则是对竹篓的花纹、虾的动态进行反复、认真的雕刻。精细修饰则是在细工雕刻的基础上，对竹篓、虾的局部进行更加细微的加工，突出以竹篓为题

图3-34　器物雕刻：渔家乐

材反映渔家生活的一个侧影，使篓的经纬竹篾交叉得更加逼真，使作品充满自然生动的情趣。最后根据宴会或菜点要求组合应用即可。

二、景观雕刻

成熟的食品雕刻师有精湛的食品雕刻技艺，能将食品雕刻成一些楼、亭、桥、塔、阁等仿古建筑物及山水风景等，以点缀菜肴。景观雕刻作品精美绝伦、栩栩如生，如"云山宝塔"，层层相叠，环环相合，流转起伏，高耸入云，雄伟挺拔。有人说，景观雕刻就像"立体的诗，无声的画"，给人以诗情画意般的享受，既可增添宴会气氛，又能促进食欲。

（一）适用景观雕刻的原料

南瓜、胡萝卜、白萝卜和冷菜中的熟食荤料等都可以做景观雕刻原料。由植物性原料雕刻成的作品以观赏、装饰菜点为主要作用，由动物性原料雕刻成的作品可拼摆成景观冷盘，既可观赏，又可食用。

（二）景观雕刻常用工具

与器物雕刻常用工具相同。

（三）景观雕刻的步骤

确定主题→设计造型→选择原料→初坯制作→细工雕刻→组合应用。

确定主题是依据宴会的形式、内容和菜点需求确定雕刻的对象。例如，雕刻作品"长城"，就要以长城的结构特征及周围的景观为构思点设计内容。可选取南瓜或芋头作原料，根据长城造型需求来决定是用整雕法还是零雕整装法进行长城的初坯制作，然后根据长城造型特点，进一步雕刻。细工雕刻就是对长城的局部特征、结构（如长城形状、墙、砖等）以及长城的主体层次进行细致雕刻。组合应用就是各部分雕完后组装在一起。

（四）景观雕刻的要点

（1）选择一些名胜古迹、风景秀丽的图案作为造型题材。

（2）要熟悉景观造型的结构，突出主题，无论是从整体还是从局部，都要展示出雕刻作品的气韵和生动的形象，要使雕刻作品富有较强的艺术感染力。

（3）雕刻作品时，要先按照景观的结构特征雕刻出大概轮廓，再对其各个部分进行精雕细刻，要求能够反映出雕刻作品的特点。同时，还要考虑陪衬物作点缀。

（4）食品雕刻中，楼、亭、桥、阁、山水风景等艺术造型常和花鸟鱼虫、人物组合使用。这种作品往往适用于生日宴会、开业庆典、友人聚会、喜庆结婚等主题宴会。

（5）食品雕刻景观造型还可以用来对单一菜点进行点缀和装饰，但此类作品不宜过大，以免喧宾夺主，一般以占整个盘子的1/4或1/3、高度不超过30cm为宜。

下面以景观雕刻作品"古塔"为例进行介绍：

实训案例二　景观雕刻：古塔

1.造型准备

1	原料	南瓜等
2	工具	主刀、戳刀、掏刀等

2.工艺流程

（1）将原料的两头切去，并根据造型特征将原料切成六面锥形初坯。

（2）从底部开始雕刻，先刻出下面的塔体底座初坯，然后逐一向上刻出各层塔身与塔檐的轮廓，再将上面葫芦顶的形状刻出。

（3）在塔体底座上划上砖形纹并刻出底部层层台阶。

（4）用V形戳刀将塔檐的瓦砾刻出，接着用U形戳刀从底部开始戳刻塔门，并去掉余料，使中间镂空，最后将顶部刻好（见图3-35）（彩图40）。

（5）另刻小桥及假山等，组合在一起即可。

图3-35　景观造型：古塔

任务六　人物雕刻

一、人物雕刻概述

食品雕刻人物造型主要以我国一些喜闻乐见、为人熟知的神仙罗汉、文人学士、帝王将相、老人童子和传统仕女等为雕刻对象，根据创作内容选用适当的食品原料，运用相应刀法、技法进行雕刻，雕刻时融入创作者的思想理念。对于广大热衷于食品雕刻人物创作的厨师来说，除了应具备相应的烹饪常识外，还必须了解和掌握我国历史文化、生活习俗、宗教信仰、传统美学等知识，这样才能创作出形神兼备、富有创意、备受欢迎的食雕作品。

在实际应用中，人物雕刻造型应用得较少，一般来说，人物雕刻习惯以古代人的形象作为素材，如渔翁、仕女等，人物面部和服饰也相应地以古代人为"楷模"，而且特定的人物有特定的表现手法，如"老寿星"的额头要作一定的夸张处理等。因此，人物食雕造型不论在形象、命题构思和取材方面均具有一定的局限性。

二、人物头部

（一）人物头部的基本知识

1.头部的基本形状和运动方式

男性头部体积较大，趋于方正，下颌与额部基本呈方形，头部线条趋于刚直，形体起伏较大；女性头部体积较小，下颌带尖，面部趋圆，头部线条趋于柔和，形体起伏较小。

头部共有3种运动方式：

（1）上下运动。

（2）侧屈运动。

（3）左右运动。

2.面部的比例

了解和掌握头部造型和特征，对于人物雕刻是至关重要的，我国传统美学常以

"三庭五眼"作为衡量正常人面部比例的标尺。"三庭"是指面部的长度和三个鼻子的长度大致相当，即由发际到眉、由眉到鼻底、由鼻底到下颏三部分距离应基本相等。"五眼"是指面的宽度和五只眼的宽度大致相当，即两眼间的距离、外眼角到耳孔间的距离大约等于一只眼的宽度。

人物面部的比例见图3-36。

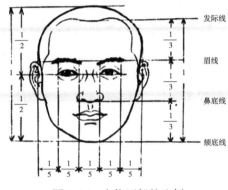

图3-36 人物面部的比例

3.五官的结构特征

人的五官包括眼、鼻、眉、嘴、耳。

（1）眼

眼睛是人体最传神的部位，被人们称为"心灵的窗户"，是食品雕刻人物造型创作中的重点和难点。眼睛包括眼眶、眼睑、眼球三部分。眼睑俗称眼皮，分上、下眼睑，包裹在眼球外面，眼睑的开闭依靠上眼睑活动。眼球绝大部分被眼睑覆盖，外形呈现球形状。

雕刻人眼时，要注意各类人群的不同之处：小孩眼圆，仕女眼长，武将眼凸，神仙眼祥，老人和罗汉眼角鱼尾纹细小而明显等。

（2）鼻

鼻子由鼻翼、鼻尖球面、鼻中隔、鼻孔及鼻梁组成。鼻的外形是一个锐角三角形楔形块面，眉弓下面的鼻根狭窄且向内凹陷，脸部中央的鼻底宽阔而挺拔。鼻子的长度约为整个脸长的1/3，鼻底两鼻翼间的宽度约为一眼宽。雕刻鼻子时，应注意人在喜、怒、哀、乐不同面部表情时鼻尾纹长短和鼻唇沟深浅的不同变化，以及老人、小孩、武将、仕女等不同人群鼻尖、鼻翼、鼻梁的区别。

（3）眉

眉毛依附在眼眶上缘即眉骨上，眉毛靠近鼻根处的内端称为眉头，中部称为眉峰，尾部称为眉梢。眉毛的形状与浓淡，因人性别、年龄不同而有差异。一般来讲，男性的眉毛粗而密，女性的眉毛细而长、颜色淡，儿童的眉毛淡，老年人的眉毛浓淡兼有。

（4）嘴

嘴是塑造人们面部表情极为重要的部位，由上嘴唇、下嘴唇、口裂线、人中、嘴角组成，其中，上下嘴唇闭合处为口裂线，两端称为嘴角，下唇以颏唇沟与颏部为界。口上下所占位置约为下庭的3/5，左右宽略小于两个瞳孔间的距离，上唇的弧形轮壁线长而弯曲，类似一个拉长的英文字母"M"，下唇弧形轮廓线短而直，类似一个扁平的拉长的英文字母"W"。雕刻嘴时要注意人物年龄的不同，一般来说，儿童嘴形圆润，唇厚突出；成人嘴形扁长，唇较饱满；老人嘴形扁平，唇薄而干瘪。

（5）耳

耳是人体五官中变化最小的部位，它由外耳轮、内耳轮、耳屏、对耳屏、三角窝、耳壳和耳垂组成。耳的外形酷似问号，耳对称生于头部两侧，其长度正好是眉弓与鼻底之间的距离，外耳轮最大宽度约为耳长的1/2。雕刻神仙和罗汉时耳轮宜宽大些，如弥勒佛、寿星的耳，且耳垂要厚。

4. 头像概述

人的脸型是人的形象重要的传神部分，不管男人、女人，其脸型都有长、方、圆、瓜子等之分，在雕刻时，一定要注意左右眉、左右眼、左右耳的对称，只有对称，五官才不易走形，雕出的头像才能更加生动形象。

（1）女性头像概述

女性头像发型种类很多，雕刻时常常需要配以髻等，如双丫髻、盘桓髻、堕马髻、迎风髻、回心髻、飞天髻、单螺髻、凌虚髻和元宝髻等。

（2）男性头像概述

男性头像在表现时不仅要考虑面部结构关系，还要把握胡须、头发、帽子等的特征。

5. 食品雕刻人物面部的表情

人们常用喜、怒、哀、乐来形容心态和情绪的变化，食品雕刻的主要作用是对菜点进行衬托和修饰，提升其品味，愉悦就餐者心情，增强人们的饮食欲望，激励其消费，所以食品雕刻中的人物表情主要应用喜和乐两种，但有时为了突出罗汉、武将的威猛勇敢，怒的表情在食雕创作中也时有应用。

喜和乐虽然都是人在高兴时的表现，但也有所差别：喜强调的是形神（肢体动作和面部表情）兼备，乐强调的是神态（内心活动和面部表情），喜和乐在面部动作表情中就是以各类笑来表现。

（1）雕刻笑的面部表情时应掌握以下特征

微笑，嘴不张或略张，嘴角稍上翘，颧骨部位肌肉略凸起，下眼睑中部向上、眼角向下、向外拉长，两眼呈弯曲状，鼻唇沟浅而较直；大笑，嘴大张，嘴角上翘明显，颧骨部位肌肉凸起，两眼成一条缝，鼻唇沟深且呈弧形。

（2）雕刻怒的表情时应掌握以下特征

眉头紧皱，眉梢竖起，鼻孔张开，眼圆睁，牙紧咬，咬肌凸起，口裂线向斜下方拉长。

（二）人物头部雕刻实例

实训案例一 人物头部的雕刻技法：童子

（1）选实心南瓜一块，用主刀修一个大的弧面。

（2）先定脸部的宽度，再定头顶的发型。

（3）用U形戳刀定出脸的长度后，在中间横戳一刀。

（4）用小的掏刀刻出鼻翼及眼窝。

（5）在鼻翼下用U形掏刀刻出嘴的宽度，切去嘴角两侧的余料，定出耳廓。

（6）修出上嘴唇并去掉余料，接着用U形戳刀戳出下嘴唇。用主刀开出眼睛，用V形掏刀刻出发丝，修整光滑即可。

童子头部雕刻关键流程见图3-37（彩图41）。

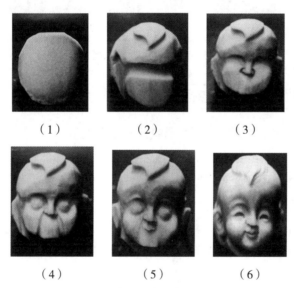

（1） （2） （3）

（4） （5） （6）

图3-37 童子头部雕刻关键流程

实训案例二 人物头部的雕刻技法：仕女

（1）选一实心南瓜，修一个大的弧面，用U形戳刀戳出脸部轮廓，使仕女的脸部呈鸡蛋形（开脸）。

（2）用U形戳刀定好三庭并戳出鼻线和眉弓，用主刀刻出鼻翼并去除余料。

（3）用掏刀定出眼窝和嘴的宽度。

（4）用主刀刻出上唇，修出上嘴唇线，用U形戳刀戳出下唇的轮廓。在雕刻嘴部的时候，为了使人物表情有笑意，嘴角可以稍微上翘。

（5）用V形戳刀戳出发型，注意，必须交错搭起，修好发型轮廓后用主刀开出眼睛。

（6）用V形掏刀刻出细的发丝，安好头上配饰。

仕女头部雕刻关键流程见图3-38（彩图42）。

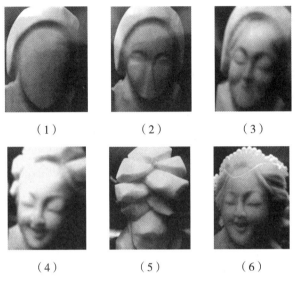

（1）　　　　　（2）　　　　　（3）

（4）　　　　　（5）　　　　　（6）

图3-38　仕女头部雕刻关键流程

实训案例三　**人物头部雕刻技法：寿星**

（1）选一块实心南瓜作原料，用U形戳刀戳出寿桃形头顶。

（2）用小U形戳刀戳出长眉的轮廓，去掉余料，定好耳部轮廓。

（3）用小U形戳刀戳出眼部和鼻骨。

（4）用主刀修出鼻翼和胡须的大形并分好层次。

（5）用V形掏刀刻出胡须的层次并用U形掏刀开出嘴的形状。

（6）用小V形掏刀刻出胡须的细节，用主刀开出笑眼，再雕刻出牙齿，将耳朵修圆即可。

寿星头部雕刻关键流程见图3-39（彩图43）。

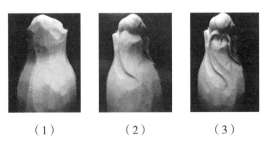

（1）　　　　　（2）　　　　　（3）

图3-39　寿星头部雕刻关键流程

（4）　　　　　（5）　　　　　（6）

图3-39　寿星头部雕刻关键流程（续）

实训案例四　人物头部雕刻技法：罗汉

（1）用大U形戳刀戳出罗汉头部的大形，并用小U形戳刀在眼部位置横推一刀。

（2）用小U形戳刀戳出鼻梁轮廓及眼窝，雕刻出眼皮，用主刀修刻出鼻翼。

（3）戳出嘴的外轮廓，用U形戳刀戳出脸部轮廓，再用戳刀戳出脸部的形状及耳朵轮廓。

（4）为了使耳垂更夸张，可以在两面黏结两块小的原料，之后用主刀雕刻出耳部轮廓。

（5）用主刀雕刻出上嘴唇并把嘴角周围修干净，雕刻出牙齿的大形并用U形戳刀戳出下嘴唇的大形。

（6）用戳刀戳出下颏，定出脸部的长度，去掉多余的废料并刻好牙齿细节，雕刻出耳朵的细节，用主刀开眼，然后把整个头部抛光即可。

罗汉头部雕刻关键流程见图3-40（彩图44）。

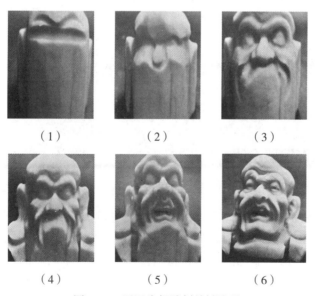

（1）　　　　（2）　　　　（3）

（4）　　　　（5）　　　　（6）

图3-40　罗汉头部雕刻关键流程

三、人物手足造型设计

手与足是人体之中结构很复杂、动作多变的部位，古人说的"画人难画手"就缘于此。手指各关节灵活多变、姿态各异，在人物雕刻创作中，通过手的表现，能准确地传达、反映人物的内心活动。

（一）手

手在人物雕刻造型中被称为人物的"第二表情"，人物的心情、意向一般可以用手辅助展示。手包括腕、掌、指三部分，通过腕关节与臂相连。

1.女性手

女性手设计时要抓住纤细、柔软、优雅等特点，选择的姿势搭配在身上要显得自然协调、恰到好处，切忌生硬。

女性掌式大体可分为展掌、合掌、立掌、盖掌和扬掌等几种。

女性手姿大体可分为抚琴式、持杆式、撩衣式、持花式、拿珠式、端托式、吹箫式和吹笛式等。

2.男性手

男性手设计时要表现出结构明显、结实有力、富有动感的特点。

男性手姿大体可分为手托式、拈须式、附指式、持杖式、攥握式、单指式、张开式和持杆式等。

（二）足

足包括踝部、脚跟、脚背和脚趾。人物造型时大部分人物都是穿鞋的，只有极少一部分人物是光脚的，如果要表现光脚造型，就要了解脚的基本姿态、结构等。

1.女性脚的设计

女性脚多以修长、柔和、皮面光滑、无过多结构为表现形式。

2.男性脚的设计

男性脚大多以粗壮、结实、结构关系明显为表现形式。

四、人物服饰造型设计

食品雕刻人物造型中，常用的服饰有布衣（普通百姓）服饰、文官服饰、武将服饰、神仙服饰、仕女服饰等，每类人物的服饰都受不同历史时期（朝代）、不同地域、不同民族的影响，雕刻时要予以注意。

在雕刻人物造型时，服饰和人体结构搭配合理才会得体，如果不按人体结构去搭配服饰，即便把服饰雕刻得再细致，也只能显得格格不入。所以，在雕刻人物造型时必须先了解服饰的衣纹变化与人体结构之间的关系。

（1）衣纹有刚柔、曲直、虚实、聚散、深浅、厚薄、松紧、动静、繁简、大小、强弱、宽窄等变化。

（2）人体变化必然引起衣纹变化，雕刻衣纹时必须尊重人体结构，要适应人体不同部位的变化。

五、人物整体造型设计

（一）人物整体造型概述

1.造型准备

1	原料	色泽、质感俱佳的牛腿瓜为首选原料，亦可选用芋头、萝卜等作为替代品
2	常用刀具刀法	●切刀：常用切、削刀法，在将原料加工成大坯时用于切块和分面。 ●主刀：要尖而利，常用划、剔、削、刻等刀法，用于对原料大坯进行细工雕刻。 ●戳刀：常用戳刀技法，用于雕刻人物服饰中的主体衣纹。 ●掏刀：常用掏刀技法，用于人物脸部定型及雕刻衣纹和须发细节

2.人物雕刻的步骤

确定主题→设计造型→选择原料→初坯制作→细工雕刻→精细修饰→组合应用。

确定主题是指依据寿宴等不同宴会主题和菜点需求确定雕刻对象，如寿星、福星、禄星等，再对其动态、神态进行设计。依照原料形状或人物造型需求，选用整雕法或零雕整装法进行初坯制作，初坯制作时要先对头部动态、位置、大小作切块和分面处理，然后以头部为基准确定人物的身高比例、形体特征、动作造型。细工雕刻是指对人物头部五官、肢体动作（包括手、脚、肩、肘、膝、腹、胸、腰等的动作）及衣服主体纹理进行反复、认真的雕刻。精细修饰是指对手指、脚趾、面部表情、肌肉骨骼、胡须头发、服饰图案等细节部分进行深加工。组合应用是最后根据宴会和菜点需求将各雕刻部分组合起来。

3.人物雕刻的技艺要点

形体和神情的雕琢是人物雕刻的重点，实际操作中可以参阅以下人物雕刻口诀进行人物造型的雕刻创作：

人体比例头为尺，站七坐五盘三半；

三庭五眼把头看，喜怒哀乐表情现；

眼角下弯嘴上翘，笑口常开乐其间；

气怒恨者眼拱张，霸气必然脸上见；

嘴角下弯眉紧锁，愁苦之情定出现；

心神畅然手抚须，春风得意不会变。

继续雕刻是哪般，肩肘腰膝是关键；

袖内上臂贴肋骨，肚脐正好齐肘弯；

一手能遮半边脸，三头当作两肩宽；

腹部位置在腰下，至膝两个头相间；

基本常识要记全，最后别忘把眼添；

若想技艺不一般，勤学苦练当在先。

人体动态有立、卧、行、坐、跑、跳、舞等多种，雕刻时应该以头和上肢及手的运动曲线为主要轮廓线，以身体和足部的运动曲线为次要轮廓线，以衣纹和飘带走势为辅助轮廓线。

雕刻人物面部（专业术语称为开脸）时应注意以下问题：

（1）开脸时应从鼻子开始，将其切削成圆锥体大坯后再细工雕刻。

（2）待脸部、须发、头饰、帽子雕刻完成后，再削去脑后多余废料。

（3）脖子一开始应雕刻得短些，待整体雕完后再对其进行加长处理，以防脖子过长，比例失调。

对服饰衣纹的雕刻，要从人体动作、衣服材质、外力（风）作用等多方面综合考虑，要根据人物形象和历史背景对其进行设计，运用戳、划、刻、剔、旋、挖、掏等刀法雕刻出整体一致、前后连贯、首尾呼应、富有节奏、极具韵律感的衣纹。

（二）人物整体造型实例

实训案例五 人物整体造型：童子

1.食品雕刻童子概述

雕刻童子时要注意童子头部是两庭、童子头与身体的比例约为1:5。

要突出表现童子活泼、顽皮、可爱的特性，食品雕刻童子造型作品主要有"连年有余""连生贵子"（童子与鲤鱼或莲花组合）、"童子拜观音"（童子与观音组合）、"哪吒闹海"（哪吒与龙组合）、"麒麟送子"（童子与麒麟组合）、"善财童子"等。

2.造型准备

下面以"连生贵子"造型为例进行介绍：

1	原料	南瓜等
2	工具	主刀、戳刀、掏刀、502胶水等

3.工艺流程

（1）先用U形戳刀和主刀修出童子造型，在腿和右臂接料处切平口，之后把腿部接好并修出大形。

（2）用U形掏刀定出衣服的纹路，把底下的余料修成莲叶形状。

（3）把余下的废料去除，之后在叶子下面雕刻出浪花大形。

（4）用V形掏刀雕刻出叶筋和底部浪花的细节。

（5）用V形戳刀戳出发型，并用U形戳刀戳出五官大形，然后细致地雕刻出童子面部喜悦的表情。

（6）雕刻好一双手，将之黏结在童子大形上，并雕出小的发带和耳、发，组装在一起。

（7）为了使整个作品更加和谐，突出主题，可另雕几朵莲花，将之安在莲叶的上侧或下侧。

4.技艺要点

（1）雕刻童子时头部和身体的比例要协调。

（2）面部表情要喜悦，五官要雕刻得细腻、清晰。

（3）童子的衣纹动态不要太过。

（4）整体造型组装要协调，主题要突出。

"连生贵子"造型雕刻关键流程见图3-41（彩图45）。

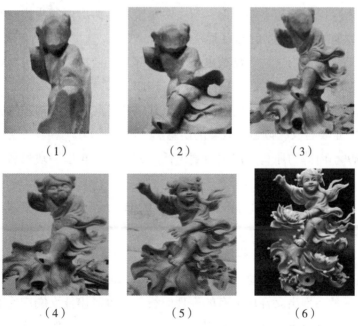

| （1） | （2） | （3） |
| （4） | （5） | （6） |

图3-41　"连生贵子"造型雕刻关键流程

实训案例六　人物整体造型：仕女

1.食品雕刻仕女概述

人物的体姿造型，常以仕女为表现对象。仕女造型常采用侧立姿势，造型特点是脖子略长，挺胸收背，腹线垂直，臀部曲线向下延伸，脚的位置基本和脑尖保持直线，这样能充分表现出女性形体的曲线美。

食品雕刻中，仕女造型主要以那些美貌绝伦、智勇双全、刚正不阿、坚贞勇敢的仙女、美女为雕刻创作对象，如我国古代传说中的四大美女（西施、王昭君、貂蝉、杨玉环）、《红楼梦》中的十二金钗、戏曲中的梨园仙子、敦煌飞天中的飞天仙女、嫦娥奔月中的嫦娥、天女散花的天女、麻姑献寿的麻姑、智勇双全的穆桂英、替父从军的花木兰、才华横溢的李清照等，其中尤以四大美女、嫦娥、天女、麻姑等造型应用最为广泛。

2.造型准备

下面以"仕女读书"造型为例进行介绍：

1	原料	南瓜、芋头等
2	工具	主刀、戳刀、掏刀、502胶水等

3.工艺流程

（1）取一南瓜原料，将底部削平，先在原料上构思好仕女的基本大形。

（2）用主刀从原料的最上端下刀，削去两边废料，留出中间头像的宽度，修出头部大形，再细致地雕刻出仕女的五官及表情。

（3）用主刀从头部依次往下雕刻出仕女的胸部和上肢部分，以头为标准，向下量出6个头的长度，用块面的形式把身体大形划分出来。

（4）用掏刀将衣裙等的大体轮廓刻出来，并细致地雕刻出衣褶和纹路。雕刻裙摆的褶纹时运刀一定要拉长，以显出衣服的质感。

（5）取一块小而薄的原料，用主刀划出仕女的飘带，再取一块长料，雕出侧面的飘带。

（6）装好飘带，再雕刻、修饰头发的细节和配饰，最后组装在一起即可。

4.技艺要点

（1）仕女的面部细节要雕刻得细腻清晰，五官比例要合理。

（2）雕刻仕女造型时应注意形体美、风韵美、服饰美，形体美是指其身高应较正常人略高，并尽量表现出女性所独有的生理曲线美，刻画出仕女端庄秀丽的形体；风韵美是指通过对人体姿态的雕琢来表现仕女婀娜多姿的美感；服饰美是指通过对服装及衣纹的雕琢来表现仕女服饰的美丽。

（3）仕女形体姿态以站、坐、行、游、骑马、奏乐、飞天等为主，要通过对体姿的塑造来刻画仕女，做到形神兼备。

（4）身体各部位特征要明显，身体比例要协调；衣服要随体姿动态变化，服饰的衣褶和纹路要雕刻得自然飘逸。

"仕女读书"造型雕刻关键流程见图3-42（彩图46）。

（1）　　　　　　（2）　　　　　　（3）

（4）　　　　　　（5）

图3-42　"仕女读书"造型雕刻关键流程

实训案例七　人物整体造型：寿星

1.食品雕刻寿星概述

在古代中国的星宿说中，寿星又称南极老人星，所以寿星又被称为南极老人或南极仙翁，是传说中的长寿之神。

寿星的造型特征是体形矮小（3~5个头高），弯背弓腰，一手持拐杖，一手托仙桃，脑门高大隆起，慈眉悦目，喜笑颜开，白须长过腰际且飘逸自然。

食品雕刻中，寿星常和代表长寿、吉祥的寿山、松树、仙鹤、鹿、龟等组合成作品，主要用于祝寿宴等。

2. 造型准备

1	原料	南瓜等
2	工具	主刀、戳刀、掏刀、502胶水等

3. 工艺流程

（1）取一长点的实心南瓜，去掉根部，先在原料上勾画出寿星的整体身形姿态。

（2）用主刀去掉右端废料，留出中间头部宽度，用U形戳刀戳出寿星的头部大形，头部宽度大致为原料的1/3；雕出左边手臂，分出手部块面结构。

（3）用掏刀雕刻出寿星的五官及胡须的轮廓，之后细致地雕刻出胡须的细线和五官细节，表情要微笑。

（4）依次往下雕出衣服的大体轮廓，用主刀将服饰上的棱角线去掉，修饰光滑后运用掏刀细致地雕出服饰衣纹。

（5）雕刻好寿星衣服的飘带，黏结好，再取一块三角形原料，雕出葫芦，并雕出葫芦上的小飘带。

（6）取一块原料，雕刻出桃子和桃叶，最后组装在一起即可。

4. 技艺要点

（1）"老寿星"是代表着人们美好愿望的虚构形象，其为长寿、幸福、吉祥的化身。因此，构思寿星造型离不开既定的传统形象。

（2）万变不离其宗，构思造型可以丰富多彩，但"老寿星"的头部形象与笑容满面的特点要突出，陪衬吉祥物及寿星的服饰与形态可以适当"各显神通"。

（3）"老寿星"的造型难在塑造幸福的满面笑容上，这需要有较强的刀功与艺术修养。

（4）要突出"老寿星"主题，达到形象真实、神情丰富、活灵活现的视觉效果。

寿星造型雕刻关键流程见图3-43（彩图47）。

（1）　　　　　　（2）　　　　　　（3）　　　　　　（4）

图3-43　寿星造型雕刻关键流程

实训案例八　人物整体造型：罗汉

1.食品雕刻罗汉概述

罗汉造型主要选取那些为人熟知、受人喜爱、催人奋进的人物为雕刻创作题材。比如，十八罗汉中的"伏虎罗汉"造型，充分展现了罗汉的英勇斗志。

2.造型准备

下面以"伏虎罗汉"造型为例进行介绍：

1	原料	南瓜等
2	工具	主刀、戳刀、掏刀、502胶水等

3.工艺流程

（1）取一节实心南瓜，修出罗汉头部大形，用U形戳刀戳出头顶和眉骨。

（2）用U形戳刀在两边太阳穴处各戳一刀，并推出鼻梁，定出嘴形。

（3）雕刻出胡须及脸部形状后，另取一长形南瓜，用主刀在上边斜切，修出斜面。

（4）把雕好的罗汉头黏结在原料的斜面上，定好罗汉身体的宽度，雕刻出身体大形，并对身体细节进行修饰，如雕刻出身体的强健肌肉，用掏刀雕刻出罗汉的衣褶纹路细节。

（5）取一原料，雕刻出手臂形状和细节，并将其黏结在罗汉身体上，注意角度。在左手的地方黏结一块原料，用于雕刻老虎头部并修出大形，再雕刻出老虎头部细节特征。

（6）另取一块南瓜原料，修出老虎的前腿和后腿大形并黏结在老虎形体上，然后进行细节修整，雕刻出老虎腿、爪的细节，用掏刀雕刻出老虎体部细节，装好尾巴等配件，点缀即可。

4.技艺要点

（1）罗汉的头部要雕刻得适度夸张，脸部表情要自然，特征要明显。

（2）"伏虎罗汉"造型常以骑虎式或坐虎式的形式体现，身体的动作雕刻时幅度要较大，身体上的骨骼肌肉一定要刻画得强健、力量感强。

（3）衣褶纹路要自然柔和，随动态的变化而变化。

（4）罗汉和老虎要搭配协调、比例恰当，老虎要雕刻出力量感，神态要逼真，要突出主题。

"伏虎罗汉"造型雕刻关键流程见图3-44（彩图48）。

（1）　　　　　　　（2）　　　　　　　（3）

（4）　　　　　　　（5）　　　　　　　（6）

图3-44　"伏虎罗汉"造型雕刻关键流程

任务七　瓜盅、瓜灯雕刻

一、瓜盅、瓜灯雕刻概述

　　瓜盅、瓜灯在食品雕刻中作为一种传统技艺，已有很长的历史。据《扬州画舫录》记载"……取西瓜皮镂刻人物、花卉、虫鱼之戏，谓之西瓜灯"。当时商贾如云、市场繁荣的江浙一带，扬州瓜雕已相当盛行，且技艺已达到了相当精湛的程度，不仅吸引了官绅富豪，也吸引了许多文人墨客。清朝著名文人黄之隽题名《西瓜灯十八韵》的诗，就有西瓜灯雕刻"纤锋剖出玲珑雪，薄质雕成宛转丝"的描绘。尤其是近些年来，随着我国烹饪事业的快速发展和人民群众生活水平的提高，瓜盅、瓜灯雕刻以其独特的艺术风格、悠久的工艺和精湛的制作技术赢得了人们的青睐，迈上了新的发展台阶，大放异彩。

　　瓜盅、瓜灯统称为瓜雕，其以西瓜、冬瓜、南瓜等为主要原料，采用平面浮雕与突环雕刻的雕刻技法，突环图案变化无穷，具有很高的技术性和艺术性。在一些高级宴会上，常用瓜盅或瓜灯来装饰席面和美化菜肴，其观赏性远大于食用性。瓜盅和瓜灯雕刻最大的魅力在于其精美的图案、玲珑剔透的突环和优美的造型，给宾客以一种诗情画意的艺术感。瓜盅与瓜灯是绘画、雕刻、灯光和音乐等综合艺术的体现，用这些形态逼真、寓意深远的瓜盅、瓜灯作品点缀菜肴、装饰席面，不但有烘托主题、增添气氛的作用，而且有让人赏心悦目、使人增加食欲的作用，可以给整个宴会带来锦上添花的作用。

瓜盅一般分为西瓜盅、冬瓜盅和南瓜盅。

瓜灯一般分为吊灯、坐灯，具体有腰鼓灯和花篮灯等。

根据设计造型来选择瓜的形状，如为人物、景观造型，应选择椭圆形瓜，若是花、鸟、鱼、虫、兽类造型，则以选择圆形瓜为宜。

瓜盅、瓜灯的雕刻方法有阴（凹）雕、阳（凸）雕、镂空雕、悬浮雕几种。

二、瓜盅、瓜灯雕刻原料及工具

（一）原料

瓜盅、瓜灯的原料有西瓜、冬瓜和南瓜等，其中，西瓜、冬瓜多选用表皮颜色深、表面光洁、无疤痕、形状呈圆形或椭圆形的，南瓜则以圆形、扁圆形为佳。

（二）工具

1.掏刀

主要用于瓜盅刻线图案等。

2.戳刀

主要用于瓜盅启盖和瓜盅底座的雕刻等。

3.挑环刀

主要用于挑出瓜灯的突环，也可以用于挑出装饰线如花边等。

4.主刀

尖而利，常用于瓜灯突环切割和瓜盅启盖。

三、瓜盅、瓜灯雕刻工艺流程

设计图案→刻阴纹线→刻突环→刻镂空图案→掏瓜瓤。

实训案例一　瓜盅

1.造型准备

| 1 | 原料 | 黑皮西瓜或冬瓜（椭圆形）等 |
| 2 | 工具 | 刻线刀、主刀、戳刀、铲刀等 |

2.制作步骤

（1）先在西瓜顶端合理位置下刀，再合理切去瓜底端一部分，然后在中间剩余部位用刻线刀刻出浮雕造型图案。

（2）用铲刀除去图案边线以外的瓜皮（使图案明显突出），随后再用主刀、戳刀以及铲刀精细地刻出图案，形成黑白对比，使图案纹理更鲜明。

（3）挖出瓜瓤，另取一只瓜的1/3，刻好瓜盅底座，并制好瓜盅盖，组合在一起即可（见图3-45）（彩图49）。

图3-45 瓜盅

实训案例二 瓜灯

1.造型准备

1	原料	西瓜等
2	工具	直尺、铅笔、圆规、主刀、挑环刀、U形戳刀等

2.制作步骤

（1）用直尺、铅笔、圆规在原料表面画出圆突环及花纹图案。

（2）用挑环刀刻出所有的突环与图案实线。

（3）用U形戳刀在另一只西瓜1/3处戳刻一周，去掉上盖，并将所有瓜瓤掏掉。

（4）用主刀将突环镂刻好（使之突出），再将一些装饰图案花纹镂空（使其透光），再刻瓜灯的底座，最后将之组合在一起（见图3-46）。

大型瓜灯组合，可以应用于大型展台、冷餐会、庆典酒会等，见图3-47。

图3-46 瓜灯　　图3-47 大型瓜灯组合

四、瓜盅、瓜灯雕刻技艺要点

（1）瓜盅、瓜灯的造型均以瓜为雏形，所以要选取瓜体端正、色深而匀称的瓜做原料。

（2）瓜盅、瓜灯的图案花纹重点在主体，盅盖与底座图案花纹仅作陪衬，以简洁为宜，尤其以几何线条图案最相宜。

（3）瓜灯的镂空部位不宜太多，最好依图案花纹均匀分布，要考虑到整体稳固性。

（4）底座应与瓜盅、瓜灯比例协调，不能太高，也不宜太低，造型可以多种多样，以高雅为宜。

（5）半镂空花纹工艺以少而精为佳，太多反而不庄重雅致，包括瓜盅、瓜灯主体部位的花纹图案，均要恰到好处、突出重点。

1.什么是器物雕刻和景观雕刻？

2.景观雕刻的要点是什么？

3.景观雕刻作品在装饰菜点时应注意什么？

4.人物造型特征有哪些？

5.什么是瓜雕？瓜盅、瓜灯雕刻步骤有哪些？

项目四 冷菜拼摆造型艺术

看PPT　　看电子书

任务一　冷菜造型的地位、特点和意义

冷菜（见图4-1）（彩图50）是不经加热就食用或加热成熟经冷却处理后再食用的一类菜肴的统称。它一般是最先和食用者接触的一道菜，素有菜肴"脸面"之称，也被人们称为"迎宾第一菜"。冷菜的质量直接关系到整个筵席程序的进展效果，其在整个筵席中起着"先声夺人"的作用。所以，冷菜的好坏直接会影响客人的情绪。

图4-1　冷菜

一、冷菜造型的地位

冷菜造型又称冷拼、冷菜拼摆或凉菜拼摆，是根据食用要求，将经过加工的冷菜原料，运用不同的刀法和拼摆手法，制成具有一定图案的拼盘。

中国菜肴以色、香、味、形俱佳而著称于世界，其中，冷拼艺术以精巧的造型、娴熟的拼摆技法、丰富的口味赢得广大食者的欢迎和赞赏，在各种宴会、酒席中起到重要的作用，同时促进着中国烹饪不断向新的高度发展，在中国烹饪中有着不可替代的重要地位。

为什么说冷拼菜肴在筵席中的地位不可替代呢?

因为冷拼菜肴一上桌,就会从造型、色彩、气味等方面给客人一种感性印象,使其对菜肴作出评判,并刺激其产生不同程度的食欲,进而对整个筵席留下深刻的印象。比如,刀工精细,拼摆富于艺术性,整个冷拼色、香、味、形俱佳,往往能引起食者旺盛的食欲。冷拼一旦展示在餐桌上,就要发挥其"特色品牌"的作用,既要展示精湛的厨艺,又要满足人们的审美需求,还要让人食欲大增进而大饱口福,因此,制作完美的冷拼能为筵席锦上添花,可大大提高筵席的身价和品位。

二、冷菜造型的特点

冷菜造型与热菜制作有很大不同,其有自己独特的技艺,具体来说,其特点如下:

(一)口味独特

冷菜的口味特点一般是无汤、不腻、干香、脆嫩、爽口等。它的口味往往要入口才能感觉到,一般是味透肌里,越嚼越香,食后唇齿留香。

(二)可批量制作

冷拼菜肴有热制冷吃和冷制冷吃两种烹制方法,大多是先烹调后切配,可以大批量制作,多次使用。

(三)刀工要求更精细

冷拼原料多数是熟料,经刀工处理后随即装盘,故刀工在冷拼制作中要求更为细致,刀工的好坏直接影响冷菜拼摆的质量。娴熟的刀工是创造高质量冷拼的技术保障。

(四)装盘造型有要求

冷拼原料经刀工处理后靠拼摆成型,要求拼摆得丰富饱满,不能过分追求形式美观,那样会显得华而不实。

(五)食用方便

冷拼食用一般不受时间限制,且便于携带。

冷拼可以作为柜台、橱窗的陈列品,展示菜肴制作的精巧艺术。安全卫生是冷拼制作的基本要求。

三、冷菜造型的意义

冷拼是中国烹饪的重要组成部分,其具有简洁清新、色彩诱人、风味多样的特点,冷拼制作既是一门技术，也是一种艺术，它是冷菜的深加工。冷拼制作注重创新和艺术造型，给人以色、形美的感受，且味美可口，可以形象地反映社会生活和自然景致，表现作者的意图，对于筵席有着非同一般的意义。其具体意义如下：

（一）美化筵席、增进食欲、陶冶情操

一些普通的冷拼原料，经厨师精心构思和细致拼摆，可形成色彩绚丽、形态美观、滋味鲜美的冷拼作品。它既能使食者赏心悦目，又能使其品尝美味。冷拼制作可以结合宴会的形式表现出一定的主题思想，有利于增进和加深宾主之间的情谊。

（二）冷拼的精细程度能反映筵席的档次

冷拼以"开路先锋"的角色与食者首先见面，而且在筵席菜肴中占有相当大的比例，其成本往往也较低。冷拼原料的种类更能显示筵席规格的高低。一般高档筵席用料上乘，价格昂贵；普通筵席用料一般。口味和口感是衡量冷拼质量的重要指标。冷拼口味多为"鲜香"，常用味型有咸鲜、麻辣、蒜香、糖醋等；口感则必须以嫩为主，应清脆爽口、不烂腻。

（三）冷拼能反映厨师的艺术修养和技能技巧

冷拼以精湛的刀工、优美的造型、明快的色彩、丰富的口感给食者留下深刻的印象。这些都十分考验厨师构思命题、立意、拼摆造型、色彩运用等方面的功力。没有一定的艺术修养和高超的操作技能，很难制作出高品质的冷拼作品。

（四）冷拼能活跃气氛，增加艺术感染力

结合宴会的主题，制作出各种款式新颖、立意鲜明、形态活泼、有创意的冷拼艺术作品，可以起到活跃宴会气氛、丰富食者的谈话内容、增加雅兴、增进宾主情谊、烘托宴会主题的艺术效果。

总之，冷拼在烹饪艺术中具有特别重要的地位和突出的意义，是中国菜肴中别具特色的一大类别，是酒席便餐中不可缺少的菜品。我们应在继承传统、保持特色的基础上不断开拓创新，创作富有时代气息的造型美观的冷拼，让冷拼艺术之花越开越盛。

任务二　冷菜艺术造型

冷菜拼摆既是一门技术，又是一种艺术，被誉为"厨艺杰作"。冷拼在人们日常饮食生活中应用非常广泛，不仅在宾馆、酒楼筵席中是不可缺少的菜品，在家宴餐桌上

也随处可见。其一般作为开席菜，首先进入餐桌，与用餐者见面，它的形式组合和色彩搭配的好坏，直接影响着客人对整个筵席的评价。

冷拼种类在某种意义上来讲是指冷拼造型的类别。按拼摆技术要求和工艺难易程度以及所用冷拼原料种类多少和拼摆形式，冷拼可分为非花色冷拼、什锦拼盘和花色拼盘三大类。

一、非花色冷拼

非花色冷拼又叫一般拼盘，是5种或5种以下冷菜原料经过一定加工，用简单的形式拼装入盘的。一般拼盘是最基本的冷拼，从内容到形式都比较容易掌握，但也必须具备良好的基本功。一般拼盘从冷菜品种的运用上，又分单拼、双拼、三拼、四拼、五拼等类型。

（一）单拼

单拼又称单盘、独碟，是以一种可食冷菜为主料拼摆而成的拼盘，其要求是整齐美观、拼摆得体、量少而精。常见的装盘形状有自然形、馒头形、长方形、菱形、桥梁形、花朵形等，见图4-2（彩图51）。

（1）　　　　　　　　（2）

（3）　　　　　　　　（4）

图4-2 单拼

（二）双拼

双拼又称对拼、两拼，是把两种不同的冷拼主料拼装在一个盘内形成的拼盘。双拼原料一般是两种色泽，有色彩分明、装盘整齐、线条清晰的特点，给人一种整体美。常见的装盘形状有馒头形、花朵形等，见图4-3（彩图52）。

（1）　　　　　　　　　　（2）　　　　　　　　　　（3）

（4）　　　　　　　　　　（5）　　　　　　　　　　（6）

图4-3　双拼

（三）三拼

三拼是把三种不同的冷拼主料装在一个盘内形成的拼盘。其技术难度比双拼高一些，装盘形状一般是馒头形、菱形、桥梁形、花朵形等，见图4-4（彩图53）。

（1）　　　　　　　　　　　　　　（2）

图4-4　三拼

（四）四拼、五拼

二者属于同一类型，不同的是五拼冷拼主料多了一种，色泽更鲜艳一些，在拼装时要注意色泽的合理搭配，故拼摆的方法复杂一些，技术难度更高一些，见图4-5（彩图54）。

（1）四拼　　　　　　　　（2）五拼

图4-5　四拼、五拼

二、什锦拼盘

什锦拼盘是将多种不同的冷拼原料适当加工后，通过荤素合理搭配，根据盛器的造型特点，整齐地拼装在一个盘内。这种冷拼讲究外形整齐、刀工精细、色彩协调、口味多变、图案悦目，要特别注意拼装技巧。常用的装盘形状有几何图形、花朵形等，见图4-6（彩图55）。

（1）　　　　　　　　（2）

图4-6　什锦拼盘

三、花色拼盘

花色拼盘（见图4-7）（彩图56）又称象形拼盘、艺术拼盘等，这种拼盘是根据一定的主题，在精心构思后，合理搭配运用不同的刀法和拼摆技法，在盛器内有目的地将多种不同的冷拼原料拼摆成各种花鸟鱼虫等图案。它用优美的造型取悦于人，不但给人以色、形、美的享受，而且味美可口，深受客人欢迎。随着烹饪技术的普遍提高，这种拼盘在筵席上得以广泛应用。它的特点是艺术性强，拼摆难度大，要求图案色彩艳丽、形态逼真、生动典雅。花色拼盘一般不单上，常与单拼或其他拼盘同上，因为放在筵席席面中间，所以也被称为中盘、主盘。

（1）　　　　　　　　　　　（2）

图4-7　花色拼盘

食用价值和观赏价值相结合是花色拼盘制作的首要原则。花色拼盘必须以食用价值为主、观赏价值为辅，在冷拼制作中，两者要有机结合，使花色拼盘观之令人心旷神怡、食之有味，切忌单纯追求观赏性，同时也要避免单纯考虑食用价值而忽视冷拼的艺术美。花色拼盘应以使人赏心悦目为原则，要根据宾客的喜好和禁忌等情况，有针对性地运用冷拼图案。

在制作花色拼盘时，要注意以下几点：

（一）刀工精细

花色拼盘是否美观，取决于刀工是否精细。要根据冷拼不同的性质、不同的造型正确运用不同的刀法，无论切制哪种原料，形状都应长短、粗细、厚薄均匀，做到整齐划一、干净利落，切忌连刀。此外，原料成型还要以便于食用为原则，娴熟的刀工及手法是制作花色拼盘的关键。因此，在实践中灵活运用扎实的刀法基本功，是冷拼艺术成功的关键。

（二）色彩合理搭配

花色拼盘是运用不同的艺术手法，由各种不同色彩的冷拼原料拼摆成的色彩艳丽的冷盘。花色拼盘是否协调美观，主要是色彩搭配的结果。花色拼盘的色泽，不但影响外观美，而且关系到能否刺激人们的食欲，因此，在原料的运用上，要注意不同原料色彩间的搭配和衬托。在拼制冷盘时，有时是根据原料的本色来选择，有时是根据原料烹调后所形成的颜色来选择，应根据冷拼作品要求，充分利用各种原料所具备的颜色，运用明暗对比、冷暖对比、补色对比等方法，合理搭配出色彩鲜艳、素雅大方、和谐美观的拼盘效果。花色拼盘作品的特色、色彩，要与实际相符合，切忌多次重复使用一种原料颜色。

色彩的运用在花色拼盘制作中占有极其重要的地位，是构成图案的主要因素之一。无论是拼制简单还是复杂的花色拼盘，都必须考虑色彩的合理搭配。

1.讲究色彩的对比性

花色拼盘的颜色有冷暖、明暗之分，暖色调以红、黄、橙为主，冷色调以蓝、靛、紫为主，中色调以白、黑、绿为主。一个花色拼盘的色彩不能全是暖色调，也不能全是冷色调，应暖中有冷、冷中有暖、主次分明，这样才能达到较好的艺术效果。在颜色的各种色相中，黄色明度最高，蓝紫色明度最低，它们安排在一起时，黄色为蓝紫色所衬托，黄色显得更亮，蓝紫色为黄色所衬托，蓝紫色显得更暗；白色和黑色安排在一起时，白色为黑色所衬托，白色显得更亮，黑色为白色所衬托，黑色显得更暗。这就是明色调与暗色调的对比作用。应用一明一暗、一暖一冷的配色方法，能使色彩更明快醒目，从而使花色拼盘更加悦目，具有可观赏性。色彩配比要对比统一、和谐匀称，给人以素雅、明快之感，不宜太花哨。

2.讲究色彩的食用性

在花色拼盘制作中，要尽量利用物料的自然色彩，少用甚至不用人造色素。有的人为了使原料颜色更加鲜艳，在腌制食品时超标加入硝酸盐等发色剂，这样既改变了原料的品质，又有损人的身体健康，是绝对不允许的。

（三）营养卫生

花色拼盘制作的最终目的是让人们食用。花色拼盘制作在注重口感和观赏性的同时，还要注重营养卫生，营养卫生是冷拼制作的基本原则之一。饮食的目的是摄取营养，满足人体生理需要。随着社会科学技术的不断发展，人们对饮食营养成分的需求更趋科学化、系统化、合理化。因此，在制作花色拼盘时，要根据饮食对象年龄、性别、工作、身体状况的不同合理设计包含不同营养成分的品种，注意荤素搭配以及各种原料之间营养成分的搭配。在拼装组合过程中，要讲究原料卫生、个人卫生和工作环境卫生。花色拼盘应随拼随食，拼制时间应尽量短，以免菜品受到污染。生食原料不能与熟食菜品混摆，以免引起食物中毒。另外，禁止使用非食品原料，冷盘成品最好用保鲜膜保存。

（四）宜现做现用

花色拼盘一般拼摆时间相对较长，冷拼原料使用种类较多，拼制难度较大，因此，要根据宾客开餐时间进行拼装，做到随拼随食，以保证花色拼盘造型美观、色彩诱人，冷拼原料的色、香、味、质均保持应有的风味特色。

（五）构思新颖、勇于创新

构思新颖、勇于创新是指应继承和发扬传统冷拼技术，并不断变革创新、与时俱进，应根据人们审美意识的不断提高，大胆开拓花色拼盘，设计新思路，创新拼制出符合现代饮食环境、满足人们饮食需求的冷拼菜肴。

（六）有益于食用

制作冷菜的主要目的是食用。花色拼盘制作的主要目的是使人们在食用过程中获得精神享受，所以不管拼摆制作什么样的花色拼盘，均应以食用为前提，同时要兼顾色、香、味、形的合理搭配，防止拼摆得华而不实。

（七）硬面和软面相结合

所谓硬面，是质地较为坚实、经过刀工处理后具有特定形状的原料排列而成的整齐而有节奏感的表面。所谓软面，是不能整齐排列的比较细小的原料堆起来所形成的不规则的表面。在花色拼盘制作中，硬面、软面应结合使用，以达到相互衬托的效果。硬面与软面是表面形状不同的两种原料，在组合中应注意衔接得当，接口处应整齐、平整、没有空缺。

（八）选用好盛器

俗话说，"美食不如美器"，这说明盛器的选用对于冷菜的拼摆是非常重要的。盛器的选择是花色拼盘中的重要内容之一，盛器的外形同原料拼摆成的形状、图案要协调，盛器的颜色同原料本身的色彩要和谐。拼制花色拼盘时应选择白色或浅色盛器，这样易与原料在颜色上对比明显、清晰，使图案更为突出。或者根据所拼摆的内容选择不同形状的盛器，这样可以使拼摆出的图案形象清晰悦目、富有艺术美感。

常用来盛装花色拼盘的器皿有圆形的、椭圆形的、方形的和长条形的等。器皿运用是否得当，与整个拼盘效果有着重要的关系。盛装花色拼盘时，要全面考虑器皿的大小式样、颜色，一般来讲，图案在器皿中所占的比例应约为3/5，图案大则使用的器皿也应大，图案小则使用的器皿应相应地小一些，否则要么显得臃肿不堪要么显得空洞而不丰满。

任务三　花色拼盘的制作

在制作花色拼盘时，所用原料种类较多，色彩多样，这些原料来源广泛，有色彩鲜艳的蔬菜原料，有经过简单熟制处理的动物原料，还有一些形状和色彩比较特殊、需要加工和调色的其他原料等。

一、冷拼原料及制作方法

（一）常用冷拼原料

黄瓜、芥蓝、心里美萝卜、胡萝卜、西葫芦、西蓝花等蔬菜原料。

（二）特殊冷拼原料及制作方法

1.蛋松

原料	鸡蛋4个、味精3g、盐10g、色拉油1000g等
制作方法	（1）鸡蛋打破入碗，搅匀，加入盐、味精。 （2）锅内注油，烧热，将鸡蛋液慢慢倒入锅内，边倒边搅，炒至黄色捞出，晾凉后用手撕开，装盘即可
制作关键	（1）蛋液要搅匀。 （2）油要烧至四五成热且要用新油。 （3）要使鸡蛋液呈线状入锅，且要边倒边搅

2.鱼松

原料	黄鱼1000g、料酒50g、精盐10g、味精2g、花椒2g、大料2g、葱姜适量等
制作方法	（1）黄鱼取肉，入清水浸泡至发白。 （2）捞取鱼肉，加料酒、味精、姜葱、精盐、花椒、大料，上笼蒸约20min。 （3）取出鱼肉，控干水，撕成细丝。 （4）将鱼肉炒干水分，边炒边揉，炒至鱼肉发松、发亮即可

3.肉松

原料	牛肉（或猪肉）1000g，盐12g，白糖、味精各3g，花椒、大料、桂皮、料酒、姜、葱适量等
制作方法	（1）将肉切成大块，焯水。 （2）锅中加水，放入肉，加入上述调料，煮熟后撇去浮油，收浓汤汁，至将干时出锅，将肉撕成条丝状。 （3）锅中加少许油，将肉丝炒干水分，边炒边揉，至肉呈絮状

4.菜松

原料	菠菜叶500g、色拉油1000g、精盐4g、味精1g、香油2g等
制作方法	（1）将菠菜叶切成约2mm宽的细丝。 （2）锅中加油，烧至四成热左右，放入菠菜丝，炸至酥脆，捞出沥干油，加调料搅拌均匀即可

5. 蛋糕

原料	鸡蛋1000g、精盐20g、味精3g、猪化油少许等
制作方法	（1）鸡蛋敲开，将蛋清、蛋黄分开，分别加入精盐、味精，轻轻搅至均匀（不可起泡）。 （2）取平底盆两个，拌上猪化油，倒入蛋液，入笼，小火蒸至凝固出笼，趁热脱盆，冷却即可

6. 鱼糕

原料	鱼肉450g、熟猪油75g、精盐15g、2个鸡蛋的蛋清、料酒适量、味精适量、葱适量、姜适量、水适量、湿淀粉50g等
制作方法	（1）用刀背将鱼肉砸成极细的鱼茸，放入盆中，加入姜、葱、水、料酒、味精、鸡蛋清、精盐、湿淀粉、熟猪油，顺时针方向搅拌为稠糊状。 （2）将鱼糊倒入抹有油的高边盘中，上笼蒸约40min即可出锅，晾凉后切片即可食用

7. 虾糕

原料	虾仁200g、鸡蛋清50g、精盐3g、味精2g、湿淀粉50g、猪肥膘80g等
制作方法	（1）将虾仁、猪肥膘分别捶成细泥。 （2）将虾泥用清水散成糊状，加入精盐、猪肥膘泥、鸡蛋清、湿淀粉、味精搅匀，然后平摊于盘内，约1.5cm厚，上笼蒸熟。 （3）取出晾凉，切片装盘即可

8. 蛋卷

原料	鸡蛋皮2张、蛋清淀粉适量、猪肉泥150g、调料适量等
制作方法	猪肉泥中加入调料，搅拌成馅，取鸡蛋皮一张，抹上蛋清淀粉，再抹上一层肉馅，再在肉馅上抹一层蛋清淀粉，然后盖上另一张鸡蛋皮，再抹上蛋清淀粉，卷成圆筒状，上笼蒸熟，晾凉，切片装盘即可

9. 紫菜蛋卷

原料	紫菜适量、鸡蛋皮1张、鸡肉馅150g、蛋清淀粉适量等
制作方法	鸡蛋皮平铺后抹上蛋清淀粉，再铺上一层鸡肉馅，在其上再铺上一层紫菜，再铺上一层鸡肉馅，然后鸡蛋皮的两头向中间卷，卷成如意状，翻放在盘中，上笼蒸15min左右，取出晾凉即可

10. 萝卜卷

原料	白萝卜250g、胡萝卜150g、白糖少许、白醋少许、精盐适量、水适量等
制作方法	（1）将白萝卜去皮，片成大薄片，胡萝卜去皮，去掉黄心，切成细丝，放在淡盐水中浸泡约20min，然后用冷开水投净，控干水分。 （2）把白萝卜片、胡萝卜丝放入糖醋调成的汁中浸泡，泡至软而入味。 （3）白萝卜片平铺，放上胡萝卜丝，卷成卷，然后斜切成马蹄状，装盘即可

二、花色拼盘制作流程

花色拼盘的拼摆步骤比一般冷拼要复杂得多，一般冷拼注重实用价值，讲究整齐美观，而花色拼盘不但讲究实用价值，而且追求艺术审美效果，注重满足人们的饮食需求和精神上的享受。其制作步骤可分为构思、命题、构图、布局、选料、垫底、盖面、点缀等。

（一）构思

构思是对筵席的全部情况进行详尽的分析，明确主题，选定题材、内容和表现手法。实际中要根据以下情况进行构思，并进而为花色拼盘制作设计出效果图：筵席的内容、规模、标准、季节性；就餐时间长短、就餐环境；就餐宾客的身份、饮食习惯、审美标准；厨房的技术力量等。常选用人们喜闻乐见的花木鸟兽等，象征吉祥、幸福，力争给人带来美好、欢喜感受，切忌选用宾主禁忌、视而不快、食之乏味的花色拼盘形式和内容。例如，日本人很喜欢仙鹤、乌龟，它们有长寿之义，而对荷花不太喜爱；中国人则对荷花比较喜爱；法国人对黄色的花比较反感，认为不吉利；荷兰人则对黄色的花较为喜欢等。

1.根据筵席的主题来构思

花色拼盘多用于筵席，而筵席种类繁多，因此要根据筵席的主题和形式来构思，这样对活跃筵席气氛会起到良好的效果。例如，婚宴可用"喜鹊登梅"，寿宴可用"松鹤献桃"，迎送宾客可用"百花齐放"等。

2.根据费用标准等因素构思

不同标准、规格的筵席，在构思时要考虑全面，既要分清档次，又要控制好成本。

（二）命题

命题是根据构思形成的图案对花色拼盘进行命名。命名时要紧扣主题，名称和实际内容应相符合，突出喜庆、吉祥的氛围，既通俗又典雅，不能过于夸张、花哨。

（三）构图、布局

1.构图

构图就是设计图案，根据美学规则将所要表现的形态巧妙地展现出来，使人看上去赏心悦目，其主要解决的是造型中的形体、结构层次等问题。构图时应主要做好以下几点：

（1）要考虑到图案的整体结构和特征。花色拼盘制作在构图时不仅要明确主题，还要考虑图案整体结构上的艺术效果。例如，"海底世界"这一题材，应以鱼类为主，以珊瑚、水草为辅，以达到衬托主题的效果，否则会显得杂乱无章。

（2）要抓住图案的主要特征，例如，"蝴蝶飞舞"这一题材，蝴蝶的特征是翅大身小、美丽而秀美，如果我们在构图时把蝴蝶塑造的身大翅小，便很难惹人喜欢了。

2.布局

花色拼盘制作过程中，布局是至关重要的，一般在主题确定后就要进入布局环节了。在创作新的花色拼盘时，可以先用图稿形式进行布局设计，同时，在布局过程中，要考虑到花色拼盘的色彩和原料，以使花色拼盘更加完美，具有较强的艺术感。布局设计要虚实结合，所谓虚实结合，是指主体和辅体、实体与空白、近物与远物应有机结合，这是花色拼盘拼制的关键。在把握虚实关系时，必须处理好轻与重、主与次等的关系，使构图有新意、有层次、有欣赏的价值。例如，山的层次、白云的位置，在图案中必须有一定的规律，虚实有度。所有的拼盘制作，实体与空白的比例都要掌握恰当，以免图案失去艺术感。

（四）选料

选料是根据构思及命题确定的主题图案选择冷菜原料的过程。在选料时，应合理搭配图案各部位的色彩质地，依照色彩质地、刀工成型标准确定冷菜品种，协调各部位的冷菜口味，选择好盛器的大小及式样，使整个花色拼盘组合完整、合理。

（五）垫底

垫底是按所设计的图案对选好的原料进行适当的刀工处理，在盘内拼摆雏形的过程。垫底是花色拼盘拼摆的关键，也是基础，其直接影响整个花色拼盘的拼摆效果。垫底原料一般选择可塑性较强的细小、质软的冷菜，拼摆时注重雏形轮廓的象形与平整。

（六）盖面

盖面是根据垫底雏形把不同颜色的原料覆盖在垫底原料上，按照图案形象要求分部位拼摆成完整整体的过程。盖面是一个组装成型的过程，可以先在案板上将原料按部位顺序排列好，再码在盘内的轮廓上，也可以把加工好的原料直接拼摆在盘内相应轮廓上。拼摆的一般顺序是：先拼底后拼面，先拼边后拼中间，先拼尾后拼头，先拼主体后拼空间，先拼下部后拼上部。

（七）点缀

花色拼盘的点缀，是为了突出整个花色拼盘的效果，弥补花色拼盘美观性强而食用性不强的缺点，以求花色拼盘达到可观性与可食性俱佳的效果，起到画龙点睛的作用。点缀品一般以色彩鲜明的蔬菜、瓜果的小型雕刻和熟食为主，操作时要注意以下几点：

（1）凡是刀工整齐、形态较美观的花色拼盘，点缀品宜放在盘边。如果花色拼盘刀工不怎么整齐、好看，点缀品宜放在上面，以弥补不足。

（2）凡是色泽比较暗淡、不够醒目的花色拼盘，点缀品可以放上面或中间。色彩鲜艳的花色拼盘则可用对比强烈的原料来点缀，点缀品宜放在盘边。

（3）点缀品的大小、形状要与花色拼盘的式样相统一、相协调。

（4）点缀品要少而精，不可滥用，切忌画蛇添足或喧宾夺主，一定要突出主题，装入盘内的点缀品一般要求能够食用。可食性生料要严格消毒，防止食品污染。

三、花色拼盘制作实例

花色拼盘在表现形式上通常可分为平面拼盘和半立体拼盘。

平面拼盘就是拼摆的图案接近于平铺在盛器表面的一种拼盘。

半立体拼盘就是拼摆的图案有一部分明显突出盛器表面或立于盛器之上的拼盘。

为了让学习者更直观地看到花色拼盘的制作方法，下面简单介绍几种花色拼盘的制作过程。

实训案例一　碧海扬帆

1.原料

黄蛋糕、白蛋糕、绿色鱼茸糕、酱猪耳、紫菜卷、糖醋红心萝卜、腌肉等。

2.制作方法

（1）将黄蛋糕和腌肉切大片，用其摆出帆船的船身。

（2）把腌肉、白蛋糕、糖醋红心萝卜、黄蛋糕用刀切成船帆的形状，摆放在帆船船身上。

（3）用腌肉、酱猪耳、紫菜卷、绿色鱼茸糕、糖醋红心萝卜、白蛋糕、黄蛋糕等摆出假山的形状。

（4）用白蛋糕刻出海鸥的形状，用黄蛋糕刻出亭台的形状，摆放在适当的位置作装饰，见图4-8（彩图57）。

（1）　　　　　　　　　（2）　　　　　　　　　（3）

图4-8　碧海扬帆

3.特点

形象逼真，意境深远。

实训案例二 寿带鸟

1.原料

白蛋糕、紫菜卷、腌黄瓜、柠檬胡萝卜、盐水虾仁、法香、土豆泥等。

2.制作方法

（1）用土豆泥垫出寿带鸟的身体形状。

（2）用腌黄瓜和柠檬胡萝卜制作寿带鸟的尾巴。

（3）把白蛋糕切成柳叶片形状，摆出寿带鸟身体和翅膀的形状，然后把紫菜卷切成薄片，摆在翅膀的前半部和头颈部，再用柠檬胡萝卜刻出嘴和头翎，安放好位置。

（4）用盐水虾仁摆出假山，然后用法香点缀，见图4-9（彩图58）。

图4-9 寿带鸟

实训案例三 常青树

1.原料

山楂糕、烤鸭皮、糖醋黄瓜、鸡茸糕、鱼茸糕、虾茸糕、炝青笋、猪肉肠、牛肉肠、腌香菇、黄瓜皮等。

2.制作方法

（1）将山楂糕修成花盆的形状，腌香菇切成条，摆成案几的形状，烤鸭皮摆成树干状，糖醋黄瓜切成梳子片，摆在树干周围做树叶。

（2）将鸡茸糕、鱼茸糕、虾茸糕、炝青笋、猪肉肠、牛肉肠切成厚薄均匀的长条，码成正六边形，每种原料码一条边。

（3）黄瓜皮刻成装饰花纹，摆在六边形上，见图4-10（彩图59）。

（1）　　　　　　　　　　（2）

图4-10 常青树

3.特点

造型典雅，拼摆手法细致，具有较高的欣赏价值和食用价值。

实训案例四 蝴蝶的拼摆

1.原料

糖醋红心萝卜、腌黄瓜、黄蛋糕、腌胡萝卜、鸡丝卷、绿色鱼茸糕、墨鱼卷、酱猪耳、盐水虾、白灼西蓝花、肉松等。

2.制作方法

（1）用肉松垫底，在盘内码出蝴蝶的初坯。

（2）用糖醋红心萝卜、腌黄瓜、腌胡萝卜摆出喇叭花和枝蔓的形状。

（3）把腌胡萝卜、腌黄瓜、黄蛋糕切成圆头片，排叠成蝴蝶的形状。

（4）把鸡丝卷、绿色鱼茸糕、墨鱼卷、酱猪耳切成片，摆成假山，将盐水虾、白灼西蓝花摆在假山底部，然后用腌黄瓜刻制小草，作为点缀。

半立体拼盘——蝴蝶的拼摆关键工艺流程见图4-11（彩图60）。

（1）　　　　　（2）

（3）　　　　　（4）　　　　　（5）

图4-11　半立体拼盘——蝴蝶的拼摆关键工艺流程

3.特点

生动活泼，逗人喜爱。

实训案例五 锦鸡的拼摆

1.原料

肉松、墨鱼糕、盐味黄瓜、盐味胡萝卜、黄蛋糕、白蛋糕、红泡椒、烤鸭脯、紫菜蛋卷、酱猪舌、糖醋青萝卜、糖醋心里美萝卜、法香等。

2.制作方法

（1）用糖醋青萝卜摆出两个芭蕉叶的形状。

（2）用肉松垫底，摆出锦鸡的身体轮廓，把墨鱼糕切成条，摆成锦鸡的尾巴，把盐味胡萝卜、糖醋心里美萝卜、黄蛋糕、白蛋糕、红泡椒切成小柳叶片形状，摆成锦鸡的身体，用盐味胡萝卜刻出腿爪，再用盐味胡萝卜刻出锦鸡的头部，安装在颈部。

（3）将盐味胡萝卜、盐味黄瓜、烤鸭脯、紫菜蛋卷、酱猪舌、糖醋心里美萝卜切成椭圆片，摆成假山的形状，然后用腌黄瓜刻制小草并用法香点缀。

半立体拼盘——锦鸡的拼摆关键工艺流程见图4-12（彩图61）。

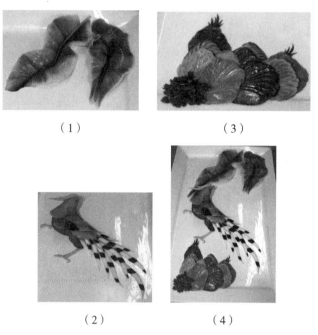

（1）　　　　　　　　　　（3）

（2）　　　　　　　　　　（4）

图4-12　半立体拼盘——锦鸡的拼摆关键工艺流程

3.特点

制作精细，造型美观，寓意深远。

实训案例六　金鱼的拼摆

1.原料

琼脂冻、菠菜汁、拌鱼丝、白蛋糕、黄蛋糕、盐味胡萝卜、西式火腿、酸辣黄瓜、盐水虾、五香牛肉、紫菜蛋卷、红樱桃等。

2.制作方法

（1）取一只圆盘，将琼脂冻溶化，加入菠菜汁，混合均匀，冷却后待用。

（2）在盘内用拌鱼丝码成两条不同姿态的金鱼初坯。

（3）将部分白蛋糕切成长柳叶片形状，用其排叠成金鱼尾，将黄蛋糕、部分白蛋糕切成鱼鳞片形状，从鱼尾排叠到鱼头，排出鱼身，然后用盐味胡萝卜刻出鱼嘴，用红樱桃、酸辣黄瓜等点缀出鱼眼及胸鳞、腹鳍，用五香牛肉、紫菜蛋卷、西式火腿、盐水虾拼摆出石山，并用其他原料制作装饰等，见图4-13（彩图62）。

图4-13 半立体拼盘——金鱼的拼摆

3.特点

小巧玲珑，逗人喜爱。

实训案例七 长相思的拼摆

1.原料

黄蛋糕、心里美萝卜、绿心黄瓜、松花蛋肠、蒜薹、胡萝卜、虾肉、猪耳肉卷、鸡丝卷、西蓝花、红肠、黄瓜皮、土豆泥等。

2.制作方法

（1）用土豆泥垫底，垫出丝瓜叶的形状。

（2）将黄蛋糕、心里美萝卜、松花蛋肠切成几个连着的圆头片，分别摆出三片叶子，将绿心黄瓜刻成丝瓜的形状，摆放在三片叶子的下面，用蒜薹摆出丝瓜的藤蔓。

（3）用猪耳肉卷、鸡丝卷、红肠、虾肉、西蓝花摆成假山形状。

（4）用胡萝卜雕刻出螳螂形状，摆放在叶子上，用黄瓜皮刻制小草，点缀在假山上。

半立体拼盘——长相思的拼摆关键工艺流程见图4-14（彩图63）。

（1） （2） （3）

图4-14 半立体拼盘——长相思的拼摆关键工艺流程

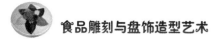

1.通过单拼、双拼、三拼的技法练习，可以掌握冷菜的哪些拼摆技巧？

2.简述冷菜造型的地位、特点和意义。

3.花色拼盘的制作步骤有哪些？

4.尝试制作一款大型花色拼盘。

5.简述锦鸡的拼摆步骤和方法。

6.概括花色拼盘的特点。

项目五 糖艺制作

　　什么是糖艺呢？有些人简单地认为糖艺就是民间的吹糖人或画糖画。民间的吹糖人，往往是以饴糖为原料，以木炭为热源，用嘴巴吹气形成的，做法比较简单、随意。画糖画也是如此，一般是将熬好的糖浆淋在大理石板上，成为龙、凤、花、鸟等图案，冷却后再取下来供人欣赏。它们都属于流传于民间的手工技艺。糖艺作为食品艺术的一部分，以简洁生动的造型，最大限度地融合抽象艺术的加工手法，用简单的线条表达更多的内容，也可用生动的写实手法制作糖艺作品。

任务一 糖艺基础知识

一、糖艺的概念

　　糖艺造型是以糖体为主要材料，糖体经过不同方法加工之后再重新组合，制成的具有漂亮、生动外观的观赏品。糖艺造型以拉糖和吹糖等基本功为基础，还要有巧妙的创意和合理的组织，没有巧妙的创意和构思，是无法形成一件完美的糖艺制品的。

　　糖艺是一门实用技术，要求原料配比科学，操作规范，干净卫生，色彩鲜艳，造型逼真。无论是花鸟鱼虫、果蔬、建筑，还是人物、动物等，糖艺作品都能做得惟妙惟肖、栩栩如生。现在制作糖艺作品时，往往用电磁炉加热，用温度计控温，用充气囊吹气，操作者还要戴上消毒手套和口罩。糖艺作品非常适合应用于高档酒楼、宾馆饭店等。

二、糖艺的特点

（一）色泽鲜艳，表现力强

糖艺制品晶莹剔透、高贵华美、明亮耀眼、美观漂亮。白砂糖本来是一种极普通的食品，但经过熬制，原本透明的糖体会变得发光、发亮，反复拉抻会出现金属般的光泽，然后可根据需要添加各种色素来满足制作需要，再经制作者的创意加工、黏结组合等，就变成了一件件华丽美观、晶莹剔透、光彩夺目的艺术品，这些特点都是果蔬雕无法比拟的。

（二）保存和展示时间长，有一定的强度

在合适的环境下，糖艺制品能保存一两个月甚至更长时间。

（三）既能欣赏又能食用

同果蔬雕相比，糖艺制品特点也非常明显。虽然果蔬雕的原料是可食性的萝卜、西瓜、南瓜等材料，但在实际应用中，果蔬雕以欣赏为主，很少有人真正去食用它，而糖艺制品，虽然也是用来点缀装饰的，但其可食用性也很强。

（四）黏结、组合方便

制作糖艺作品时，只要用糖艺灯等烤软即可黏结组合，冷却后能立即定型，比较方便。

（五）原料可重复使用，避免浪费

有人认为糖艺作品制作起来比较麻烦，果蔬雕则比较简单、方便。其实，制作糖艺作品的时候可将熬制好的糖体分割成块，掺好颜色后晾凉，用保鲜膜包好、密封，然后在保鲜盒中保存即可，使用的时候，只要将糖放在糖艺灯下加热变软即可，原料也可重复使用，避免浪费。

三、糖艺的原料

选用糖源十分重要，糖源是糖艺制作的基础，目前可以使用的糖源有白砂糖、绵白糖、冰糖、艾素糖、葡萄糖浆等，这些糖源相对来说都比较纯净，但每种糖源都有不同的理化指标，选用时要以事实为依据，认真分析和比较，经过反复实验，科学地制定配方。下面介绍白砂糖、绵白糖、冰糖、艾素糖、葡萄糖浆、食用冰乙酸等糖艺原料。

（一）白砂糖

白砂糖是糖艺制作常用的原料之一，其主要化学成分是蔗糖，是含蔗糖95%以上

的结晶体，其比绵白糖含水率低，结晶颗粒较大，经过精炼及漂白制成。白砂糖按技术要求，可分为精制、优级、一级和二级共4个级别。

白砂糖是糖艺制作的主要用料，白砂糖的质量直接影响到最终产品的质量。因此，白砂糖的选择至关重要。归纳起来，对白砂糖的要求一般有以下几个方面：

（1）色泽洁白明亮。色泽洁白明亮表明白砂糖在生产制造过程中采用了严格的净化工序，用这样的白砂糖制成的糖艺制品透明度高、风味纯、品质好。

（2）纯度高，甜味正，无异味。纯度高的白砂糖蔗糖含量高，杂质含量少，熔点高，耐高温，甜味正，无异味，纯度较低的白砂糖则经不起高温熬煮，易焦化变色。

（3）颗粒均匀，干燥流散。高质量的白砂糖颗粒均匀，因此通风透气性较好、流动性强，储存时不易产生异味和酸变。

（4）糖液清澈透明。这样熬糖时浮沫少，气泡小，生产出来的糖体透明度高，使用时定型快、不黏手。

（二）绵白糖

绵白糖也是糖艺制作常用的原料之一，它一般以白砂糖、原糖为原料，经溶解后重新结晶制成的。它质地绵软、细腻，结晶颗粒细小，由于在生产过程中喷入了2.5%左右的转化糖浆，因而口感比白砂糖要甜。绵白糖分为精制、优级和一级3个级别。

（三）冰糖

冰糖是蔗糖加工提纯后的下一代产品，是白砂糖的结晶再制品，所以纯度比白砂糖更高，制作糖艺作品效果也比白砂糖更好一些。由于其结晶如冰，故名冰糖。自然生成的冰糖有白、微黄、淡灰等颜色，此外，市场上还有添加了食用色素的各类彩色冰糖，如绿色、蓝色、橙色、微红、深红等颜色的冰糖。

（四）艾素糖

艾素糖（异麦芽酮糖醇），也称益寿糖，是近年来国际上新兴的功能性食用糖醇。它是一种理想的代糖品，是制作糖艺作品很好的原料之一。其独特的理化性质、生理功能和食用安全性，已经得到实验充分证实。

（五）葡萄糖浆

葡萄糖浆是以淀粉为原料，在酶或酸的作用下产生的一种淀粉糖浆，其主要成分为葡萄糖、麦芽糖、麦芽三糖、麦芽四糖及四糖以上等，又称液体葡萄糖、葡麦糖浆。

葡萄糖浆具有良好的抗结晶性、抗氧化性、适中的黏度、良好的化学稳定性，在糖艺制作中应用广泛。在熬糖的过程中加入适量葡萄糖浆，可使作品色彩鲜艳明亮，

食品雕刻与盘饰造型艺术

并可有效抑制翻砂，延缓糖体的凝固速度，便于拉糖。在加热过程中，葡萄糖浆易分解生成焦黄色糖体，实际中常常利用这一特性制作气泡糖，用于装饰作品。

（六）食用冰乙酸

食用冰乙酸即无水乙酸，其是以用发酵法生产的乙醇为原料制成的。在食品行业中其常常用作酸味剂和增香剂，适当稀释后可用来调配食醋，浓度为3%~5%时可作为醋酸直接使用。在糖艺制作过程中的熬糖阶段，加入适量的食用冰乙酸可使糖艺作品色彩鲜艳明亮，并可有效地抑制翻砂，延缓糖体的凝固速度，软化糖体，便于拉糖和吹糖。

任务二　糖艺技法

一、常用的糖艺技法

近年来，在我国各地举办的各类烹饪比赛或大型展览上，中餐师傅采用糖粉工艺和脆糖工艺制作的食品越来越多，其大气磅礴的造型、浮翠流丹的色彩，令人耳目一新、怦然心动，糖艺作品备受业内人士和烹饪爱好者欢迎。

下面介绍几种常用的糖艺技法。

（一）拉糖

这是糖艺技法中最为常用的一种，将熬好的糖浆冷却至半凝固状态（像和好的面团一样）时反复叠拉糖体，糖体会因少量空气的混入而呈现发亮的光泽，这时可以将糖拉成各种形状，成为各种造型。例如，用拉糖方法制作花卉时，可先将糖拉成各种形状的花瓣，最后再用酒精灯或火枪将花瓣根部烤软黏在一起，即成各种各样的花卉。

用拉糖的方法可以拉出花瓣、花叶、藤蔓、彩带、鸟类的羽毛等，见图5-1。

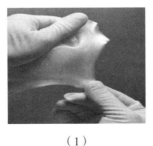 

（1）　　　　　　　　（2）

图5-1　拉糖

（二）淋糖

将熬好的糖浆趁热淋在模具上，会呈现出各种图案或文字。待糖浆冷却定型后，取下即可使用，一般作为糖艺的背景、装饰、支架、底座等使用。淋糖见图5-2。

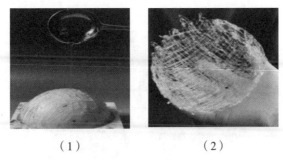

（1）　　　　　　　　　（2）

图5-2　淋糖

（三）吹糖

吹糖是用气囊将半凝固状的糖体吹大，使其膨胀至一定形状的方法。例如，苹果、天鹅、海豚等糖艺作品都需要用到吹糖技法。吹糖见图5-3。

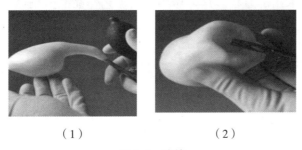

（1）　　　　　　　　　（2）

图5-3　吹糖

（四）塑糖

塑糖就是用糖艺刀将半凝固状的糖体雕塑成需要的造型的过程。例如，龙、孔雀、老鹰、马、人物等都需要用这种技法塑形。塑糖见图5-4（彩图64）。

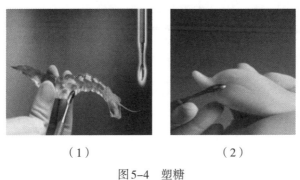

（1）　　　　　　　　　（2）

图5-4　塑糖

（五）模压

将拉成一定形状的糖体放在硅胶模的底模上，用硅胶模的面模对准位置并以一定力度按压，取出后即成相应的形状。这种技法可以提高糖艺师傅的工作效率。模压见图5-5（彩图65）。

图5-5　模压

（六）翻模

翻模（倒模）就是将熬好的糖浆趁热倒入各种各样的硅胶（食品级）模具中，待糖浆冷却定型后再取出的过程。这样做出来的糖艺作品晶莹剔透，如水晶一般漂亮，这种方法比较简单，可以大大提高糖艺师傅的工作效率。

二、各种糖的制作方法

（一）白砂糖

1.原料

白砂糖1000g、蒸馏水（或纯净水）500g、葡萄糖浆150g、食用冰乙酸4滴等。

2.熬制步骤

（1）选用厚底的平底锅，加入白砂糖、蒸馏水，搅拌均匀，使白砂糖充分溶解，将其放到电磁炉上用小火（约300W）加热，至完全溶解。

（2）待白砂糖全部溶解后，用大火（约1800W）加热至约110℃，然后加入食用冰乙酸，搅拌均匀，撇掉浮沫，加入葡萄糖浆。

（3）继续加热，并注意擦拭干净锅边的水珠，当温度达到约160℃时，立即停止加热，将糖锅转移到凉水盆里放置30s，目的是迅速切断热源，注意，要确保温度准确，冷却时锅底不能吃水太深，只底部"蘸"一下水即可。

（二）艾素糖

艾素糖的熬制方法与白砂糖差不多，主要的不同的是艾素糖要加热到约180℃才能出锅。

（三）珊瑚糖

珊瑚糖是一种装饰用糖，它是利用蔗糖的快速还原原理制作而成的。在糖艺制作中，珊瑚糖主要用来制作底座或假山。珊瑚糖种类很多，有气泡珊瑚糖、水晶珊瑚糖等。

（四）结晶糖

（1）制作糖稀：选择容器，将2500g白砂糖、1000g纯净水放在一起煮开，将表面的浮沫处理干净，冷却后使用，同时选用一个透明的容器，要尽量使用较大的容器，这样结晶出的晶体颗粒完整；而使用较小的容器时，糖稀的浓度会发生变化，影响最终的结晶效果。

（2）将需要结晶的糖体或物体在糖稀中"蘸"一下，然后风干（或用电风扇吹干）。待其干燥之后，表面会有很多还原晶核。注意，需要结晶的糖体或物体放在糖稀中一天之后就会有细小的晶体附着在上面；结晶时要保持22℃左右的室温，且不能随意移动容器。

（3）几天之后晶体逐渐长大，同时在结晶的容器上会看到很多晶体，这属于正常现象。

（4）晶体长成后取出，用电风扇吹干，晶体大小合适即可，不要追求太大。

（5）为追求更好的结晶效果，可以在糖稀中加入适量的色素，这样可以制作彩色的结晶体。

（五）脆糖

脆糖是将白砂糖、葡萄糖和柠檬酸熬至特定温度制作而成的一种可食用的糖艺原料。在熬制过程中，可以加入各种颜色的色素，使脆糖呈现出所需的色彩。

脆糖雕是利用糖的物理特性，将糖加热到一定温度制作的。在熬制时，必须加入适量的酸性物质，以防溶化的糖分子重新结晶。糖加热到某一温度后，其特性有极大的变化，通过抻拉可形成晶莹剔透的面团样糖体，这时可运用各种操作方法、制作工艺，制成各种造型的作品，如花朵、树木、草叶以及动物等，制品晾凉后即可成型。脆糖制品在室温条件下可保存较长时间，不易因受潮、受热而溶化变质，并且具有较好的立体感，自然逼真，晶莹剔透，色彩绚丽、生动。因此，脆糖是生产制作大型装饰品的首选品种。

实训案例一 一般糖粉膏的制作工艺

1.用料配比

糖粉250g，蛋清50g~80g，适量柠檬汁，食用色素适量（若需颜色）等。

2.工艺方法

将糖粉放入容器，先加入少量蛋清，中速搅拌至起发状态，随后加入剩余的蛋清，继续搅拌，待糖粉原料颜色变白、质感细腻时加入适量的柠檬汁，继续搅匀。如需改变颜色，可加入适量的食用色素。

3.注意事项

（1）糖粉膏及其制品质量的好坏，与糖粉、蛋清及柠檬汁的搅拌有很大关系，调制时，搅拌时间应适中，时间短糖粉膏不起发，时间长糖粉膏容易溶解，都会影响制品的可塑性和立体感。

（2）调制糖粉膏时，加入的柠檬汁应适量，加入量过少，制品不宜干燥定型，会使制品变得粗糙，呈蜂窝状，失去光亮，影响制品的可塑性。一般每500g糖粉加入柠檬汁10g~20g。

（3）调制糖粉膏时，所用的糖粉应无异物和杂质，并要保持操作的连贯性及制品的细腻度。

（4）若是用于制品表面，糖粉膏可以稀一些；若是用于制作立体的作品，则糖粉膏可以稠一些。因此，在调制前，要充分了解糖粉膏使用的目的、要求，灵活掌握糖粉膏的软硬度。

（5）糖粉膏在使用过程中，要用保鲜膜盖好容器口，以免糖粉膏脱水变干，不便于操作。

（6）可以利用西点制作中的裱花嘴，将糖粉膏挤成各种花鸟鱼虫、人物及动物的造型图案等，而且糖粉膏还能用于大型蛋糕的挂边、挤面、拉线装饰等。

实训案例二 糖粉面坯的制作工艺

糖粉面坯类制品，是西式面点装饰工艺中经常使用的造型原料，其常用来制作高级宴会甜点装饰等。

1.用料配比

糖粉4000g、鱼胶片400g~500g（用之前融化）、葡萄糖100g、柠檬汁100g、适量食用色素（若需颜色）等。

2.工艺方法

（1）将糖粉、葡萄糖放入搅拌机，在快速搅拌的过程中慢慢加入溶化的鱼胶片。根据使用目的、要求灵活掌握糖粉面坯的软硬度。

（2）糖粉成团后，加入柠檬汁及溶化的色素（若需颜色），颜色的调配应根据需要而定。

3.操作要点

（1）糖粉面坯调制好后，应存放在密封的容器内或用保鲜膜包裹，以防糖粉面坯脱水变干、变硬，不易操作。

（2）在加工糖粉面坯时，对所要制作的装饰品，应做到心中有数、一次成型，避免多次加工。

（3）在移动糖粉面坯制品时，要非常仔细、小心，轻拿轻放，不要使制品断裂或弯曲，以免影响下一步的组合。

（4）在制作糖粉面坯时，应注意保持清洁，不可黏上其他杂物，以免影响成品的光亮度与卫生。

糖粉面坯作品展示如下，见图5-6（彩图66）。

（1） （2） （3）

图5-6 糖粉面坯作品

实训案例三 脆糖的制作工艺

1.用料配比

白砂糖2000g、水800g、葡萄糖400g、柠檬1/4只（取汁）、食用色素适量等。

2.制作方法

（1）将白砂糖和水放入锅里，加热，不停地搅拌，使其受热均匀。

（2）开锅后改用中火，除去锅内浮沫，并及时去除锅边的结晶糖，以免影响制品的光亮度。

（3）待糖完全溶化后，加入葡萄糖和柠檬汁，熬至约138℃时，加入所需食用色素，熬至约156℃时将锅从炉子上拿开，放到备好的凉水盆内"蘸"一下水，以便降低锅内糖浆温度。

（4）将糖浆倒在抹过一层植物油的大理石案板或不粘垫上，待其温度降至可以用手拿时反复拉几下，糖团发亮后即可根据所需造型制出作品。

（5）根据需要加入不同颜色的食用色素，以使作品绚丽多彩。

3.操作要点

（1）脆糖制作工艺的关键是掌握好糖浆熬制的温度与火候的变化，温度不够或温度过高都会直接影响造型的成败与脆糖制品的质量。

（2）制作脆糖作品时，应事先备好所有的用具，以便随时取用。

（3）在制作脆糖装饰品时，应做到心中有数，动作熟练，手法迅速、准确，一气呵成，这是因为脆糖在室温条件下极易冷却变硬，操作速度慢会影响制品的造型。

（4）在制作脆糖作品时，要戴上硅胶手套，以免黏手，使制品表面粗糙、无光泽。

脆糖作品展示见图5-7（彩图67）。

（1）花卉　　　　　　（2）龙虾　　　　　　（3）鹦鹉

图5-7　脆糖作品

1.什么是糖艺？

2.糖艺的制作手法有哪些？

3.简述脆糖的熬制方法。

项目六 盘饰造型艺术

- 了解盘饰的作用
- 掌握盘饰的基本类型
- 掌握盘饰的设计特点和制作方法

看PPT　　看电子书

　　盘饰也叫盘头装饰，或叫围边、打围子等，就是在做好的菜肴周围做些装饰，以使菜肴看起来更加美观、好看。那么，可以用什么原料做菜肴的这种装饰呢？主要是蔬菜、水果等可食性原料，如生菜、苦苣菜、西红柿、黄瓜、柠檬、草莓等，都是盘饰制作中最常用的原料。

任务一　盘饰设计的原则与形式

一、盘饰设计的原则

　　在餐饮行业迅速发展的今天，饮食文化内容不断丰富，盘饰艺术便是其中一个重要的方面，它不仅对菜肴起到点缀作用，更重要的是可以通过盘饰造型丰富艺术文化内涵。

　　盘饰以衬托菜肴为主要目的，在形式和色彩上盘饰能显著提高菜肴的档次，设计盘饰时应遵循以下原则：

　　（1）盘饰的色彩与盛器的色彩应相协调。

　　（2）盘饰的欣赏性和可食用性应相协调。

　　（3）盘饰应能够对菜肴起到烘托作用。

　　（4）盘饰的大小、形式应与菜品相协调。

（5）应注意盘饰的清洁卫生，且忌费工费时。

二、盘饰设计的形式

（一）环围式盘饰

环围式盘饰是根据菜品特点和盛器形状，将经过加工处理的装饰原料在菜品周围环围成一圈，美化菜品的装饰形式。

环围式盘饰又可分为平面环围式盘饰和立体环围式盘饰，见图6-1（彩图68）。

（1）平面环围式盘饰　　　　　　（2）立体环围式盘饰

图6-1　环围式盘饰

（二）点缀式盘饰

点缀式盘饰是根据菜品特点和盛器形状，将加工成一定形状的围边原料点缀在盛器的一处或多处，美化菜品的装饰形式，见图6-2（彩图69）。

（1）　　　　　　　　　　（2）

图6-2　点缀式盘饰

（三）几何形盘饰

几何形盘饰是将某些固有形态的原料或加工成特定几何形状的原料按照一定的顺序、方向有规律地排列、组合在一起，美化菜点的装饰形式。其制作方法一般是多次重复使用原料，或连续，或间隔，将原料排列整齐，从而产生一种曲线美和规律美，见图6-3（彩图70）。

（1）　　　　　　　　　　（2）

图6-3　几何形盘饰

（四）象形盘饰

象形盘饰是以自然中的具体形象为模仿对象，用简洁的艺术方式提炼出活泼的艺术形象，进而美化菜点的装饰形式。这种方式能把零碎散乱而没有秩序的菜肴统一起来，使整体变得统一美观，见图6-4（彩图71）。

（1）　　　　　　　　　　（2）

图6-4　象形盘饰

任务二　盘饰设计的种类与实例

一、立体雕刻盘饰

实训案例一　兰花盘饰

1.造型准备

1	原料	芋头、青萝卜等
2	工具	喷枪、圆口戳刀、平面刻刀、金属底托、胶水、红色彩笔等

2.制作方法

（1）用圆口戳刀在芋头上戳出兰花的花瓣和花芯，用喷枪将花芯喷成黄色备用。

（2）将花瓣和花芯用胶水组合成花。

（3）用平面刻刀将青萝卜皮刻成兰花叶形状，再将花和叶组合在金属底托上。

（4）用红色彩笔将兰花花瓣的边缘描成红色。

兰花盘饰造型工艺见图6-5（彩图72）。

图6-5　兰花盘饰造型工艺

实训案例二　山菊花盘饰

1.造型准备

1	原料	白萝卜、胡萝卜、青萝卜等
2	工具	剪刀、平面刻刀、圆口戳刀、金属底托、胶水等

2.制作方法

（1）用圆口戳刀在白萝卜上戳出山菊花的花瓣，再用剪刀将其修整圆滑；以胡萝卜为原料，用平面刻刀刻出花芯。

（2）用胶水将花瓣和花芯组合在一起。

（3）将青萝卜皮刻成山菊花叶子形状，再将花和叶组合在金属底托上。

山菊花盘饰造型工艺见图6-6（彩图73）。

图6-6　山菊花盘饰造型工艺

实训案例三　杨桃盘饰

1.造型准备

1	原料	青萝卜、牛腿瓜等
2	工具	平面刻刀、圆口戳刀、金属底托、胶水、细砂纸等

2.制作方法

（1）取一段青萝卜，用圆口戳刀戳出杨桃的基本形状，然后用细砂纸打磨光滑。

（2）用平面刻刀将牛腿瓜刻成树枝的形状，然后用细砂纸打磨光滑。

（3）以青萝卜为原料刻出树叶，再将刻好的各部分用胶水黏合在一起，组合在金属底托上即可。

杨桃盘饰造型工艺见图6-7（彩图74）。

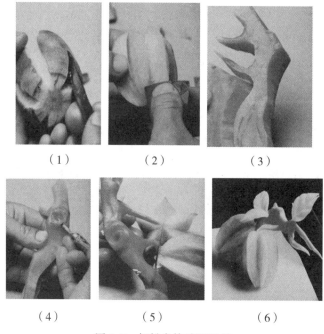

（1） （2） （3）

（4） （5） （6）

图6-7 杨桃盘饰造型工艺

实训案例四 器物盘饰

1.造型准备

1	原料	芋头、青萝卜等
2	工具	喷枪、圆口戳刀、平面刻刀、金属底托、胶水等

2.制作方法

（1）取一块芋头，将其用圆口戳刀戳成木桶的形状。

（2）以青萝卜为原料，用平面刻刀将其刻成树枝和树叶的形状，然后用喷枪将树叶喷成橙黄色。

（3）将刻好的各部分用胶水组合起来，固定在金属底托上即可。

器物盘饰造型工艺见图6-8（彩图75）。

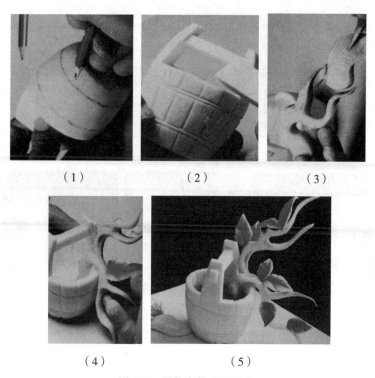

（1）　　　　　（2）　　　　　（3）

（4）　　　　　　　（5）

图6-8　器物盘饰造型工艺

实训案例五 断墙盘饰

1.造型准备

1	原料	芋头、青萝卜、胡萝卜等
2	工具	喷枪、圆口戳刀、平面刻刀、胶水等

2.制作方法

（1）取一块芋头，将其用圆口戳刀戳成残破的墙的形状。

（2）用平面刻刀将芋头刻成花瓣的形状，将胡萝卜刻成花芯的形状，将青萝卜刻成叶子的形状，用胶水将花瓣和花芯组合在一起，再用喷枪将花瓣喷成蓝色。

（3）将刻好的各部分用胶水组合起来即可。

断墙盘饰造型工艺见图6-9（彩图76）。

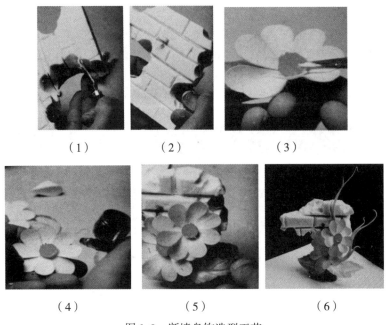

（1）　　　　　　　（2）　　　　　　　　　（3）

（4）　　　　　　　（5）　　　　　　　　　（6）

图6-9　断墙盘饰造型工艺

二、面塑盘饰

面塑盘饰以糯米面为主要原料，加不同颜色食用色素，可调成不同色彩，用手和简单的工具，塑造成各种栩栩如生的作品。如今面塑艺术作为珍贵的非物质文化遗产备受重视，走入艺术殿堂。经过长期摸索，现在的面塑作品先以捏、搓、揉、掀方式制作面团，然后以小竹刀等为工具，灵巧地采用点、切、刻、划、塑等不同手法进行进一步的加工，栩栩如生的艺术形象便脱手而出，制成的面塑作品，不霉、不裂、不变形、不褪色。随着社会的进步，饮食业飞速发展，面塑作品也成了餐桌上常见的装饰品。面塑盘饰见图6-10（彩图77）。

（1）　　　　　　　　　　　　　（2）

（3）　　　　　　　　　　　　　（4）

图6-10　面塑盘饰

三、糖艺盘饰

很多厨师都选择用精美的盘饰来提升菜肴的品质，他们在做盘饰时用到的材料是多种多样的，而这其中最具时尚感的，恐怕莫过于糖艺了。糖艺在中餐中的应用越来越广泛，这是因为糖艺作品本身造型美观且表现力强，既能欣赏又可食用，因此眼下很受人们喜爱。糖艺作品具有色彩鲜艳、质感剔透、光泽度好等特点，但因为其制作起来比较复杂，并且对操作者有一定的专业技术要求，所以目前精通糖艺的厨师仍较少。

为了能够使学习者更直观地看到糖艺盘饰的制作，下面展示几种糖艺作品：

实训案例六　荷花

1. 造型准备

1	原料	艾素糖、绿色素、红色素等
2	工具	糖艺手套、吹气瓶、叶片压模、酒精灯、不粘隔热垫等

2. 制作方法

将艾素糖熬至180℃左右，然后分成两份，分别加入绿色素和红色素，待冷却至70℃~80℃时，将加入绿色素的部分采用拉糖的手法分别拉出荷叶、蜻蜓、荷花茎，将加入红色素的部分拉出荷花花瓣，最后，将所有部件组合完整即可，见图6-11（彩图78）。

图6-11　糖艺盘饰——荷花

实训案例七　梨

1. 造型准备

1	原料	艾素糖、绿色素、紫色素、黄色素等
2	工具	糖艺手套、吹气瓶、叶片压模、酒精灯、不粘隔热垫等

2.制作方法

将艾素糖熬至180℃左右后分成3份，一份加黄色素，一份加绿色素，一份加紫色素，先将调好颜色的绿色糖液滴在盘子上，使之呈水滴状，待冷却至70℃~80℃时，再将加入黄色素的部分用吹气瓶吹出梨的形状，冷却备用，然后将加入绿色素的部分拉成叶片的形状，用模具压出叶片上的纹路，将加入紫色素的部分拉成条状树枝，最后组装成型即可，见图6-12（彩图79）。

实训案例八　抽象兰花

1.造型准备

| 1 | 原料 | 艾素糖、绿色素、红色素、黑醋汁等 |
| 2 | 工具 | 糖艺手套、吹气瓶、叶片压模、酒精灯、不粘隔热垫等 |

2.制作方法

将艾素糖熬至180℃左右，将少部分糖液用淋糖的手法淋在不粘隔热垫上，之后将糖液分成三份：一份加入绿色素，待冷却至70℃~80℃时，将其塑造成长条形，将一侧卷曲，再拉出叶片的形状，用叶片压模压出叶片上的纹路；一份加入红色素，用来制作花芯；不加色素的一份反复抻拉至表面出现金属光泽，用其制作六片花瓣。组装成型、固定好后用黑醋汁淋出线条即可，见图6-13（彩图80）。

图6-12　糖艺盘饰——梨　　图6-13　糖艺盘饰——抽象兰花

实训案例九　彩带

1.造型准备

| 1 | 原料 | 艾素糖、绿色素、红色素、紫色素等 |
| 2 | 工具 | 糖艺手套、叶片压模、酒精灯、不粘隔热垫等 |

2.制作方法

将艾素糖分成4份，其中3份分别加入红、绿、紫3种色素，一份为原色，待冷却至70℃~80℃时，将原色部分和加入红色素的部分抻拉至出现金属光泽，制成条状，间

隔排列，保持糖的温度，边压边将其拉成带状，做成蝴蝶
结形状，用加入绿色素的部分做成树叶形状，然后用叶片
压模压出叶片上的纹路，用加入紫色素的部分做成树枝形
状，再用加入红色素的部分做成果实形状，最后组装成型，
见图6-14（彩图81）。

图6-14 糖艺盘饰——彩带

四、创意盘饰

创意盘饰是以各种可食用的水果或蔬菜以及一些美丽
的花卉等为原料切配制成一定的图案造型，然后将其放置在盘子中心或一侧，用于装
饰菜点，其有时也和果酱画盘饰结合使用。

常见的原料中，水果类的有苹果、樱桃、猕猴桃、橙子、柠檬、杧果、菠萝、西
瓜、火龙果、草莓等，蔬菜类的有黄瓜、番茄、青椒、红椒、蒜薹、西蓝花、萝卜等，
花卉类的有袖珍玫瑰、小菊花、百合、康乃馨、满天星、情人草、蝴蝶兰等，叶茎类
的有天门冬、高山羊齿蕨、蓬莱松、巴西木、散尾葵等。

创意盘饰不需要特别精细的雕刻或者说很少用到雕刻，其造型特点是比较简单、
抽象，充满意境美、空间美、曲线美。一片生菜叶，两片西红柿，几根小葱，很随意
地一摆，捎带着淋一点酱汁，看似像点什么，细看却什么也不像，在这似与不似之间，
充满了梦幻般的美感，没有经验的人，没有一定审美观点的人，很难做出这样的效果。
所以说，创意盘饰是一种经过加工的艺术，是一门经过提炼的艺术。创意盘饰实例见
图6-15（彩图82）。

（1） （2） （3）

（4） （5）

图6-15 创意盘饰

五、果酱画盘饰

现在的餐饮业中流行一种新的菜肴装饰技术，叫作果酱画盘饰，就是用果酱（也可以用巧克力酱、黑醋汁、蓝莓酱、蚝油等）在盘边画出美观的图案，用来装饰菜肴的方法。

这种图案可以是简单的装饰花纹，可以是抽象的曲线，也可以是写意的花鸟鱼虾，或是优美飘逸的中英文书法等。总之，只要是简单漂亮的图案，只要是能给菜肴增光添彩的图案符号等，都可以画。也有人把果酱画叫作"酱画""盘画"或者"画盘"。应该说，果酱画技法起源于西餐中酱汁的使用，因为在西餐中厨师常把用于调味的酱汁淋在盘边形成一定的图案，供客人用餐时蘸食，这种酱汁具有调味和美化菜肴两种功能，而中餐厨师则习惯把酱汁浇淋在菜肴上，其功能主要是调味。随着西式盘饰的逐渐流行，越来越多的中餐厨师看重酱汁的这种装饰功能，并不断探索、不断研究，进而调制出了各种酱汁酱料，花样越来越多，技法也越来越成熟，这才使果酱画技术在当今餐饮业中大放异彩。

（一）果酱画的特点

1.制作快捷方便

技术熟练的厨师，一分钟可画几个甚至十几个盘子，效率之高，速度之快，非果蔬雕、面塑、糖艺、插花之类可比，而且果酱画盘饰容易保存，节省空间，容易清洗，无干裂瘪损、褪色之虞。

果酱画盘饰效果好、档次高、有意境、艺术感强，适应了现代餐饮业的发展。

2.技术难度低，可操作性强，成本低廉

绝大多数的果酱画只是用果酱画曲线（比如直线、折线、S线、交叉线等），调配一下颜色即可，稍复杂点的可以画些花瓣、树叶等，非常简单易学，大多数厨师稍加练习就可以上手操作。其为菜肴创新拓展了空间。画果酱画，一般是根据菜肴的颜色和形状选择酱汁，确定构图，再根据个人的技术水平和熟练程度选择图形，可繁可简，灵活多变，成本低廉。这也是果酱画盘饰最大的优点。

（二）果酱画常用技法

1.抹

抹就是用手指蘸一点儿酱汁，然后在盘中画出各种形状。其优点是方便、省事，在色彩的深浅变化上能表现出写意画的风格特点，这种技法适合于画鱼虾、禽鸟、花卉等。

2.点

点是将酱汁挤在盘中，使之呈小的圆点或块的形状的方法，常用于画梅花、树叶、脚印、葡萄及其他果实等。

3.淋

淋是将酱汁淋在盘中的指定位置，使之呈点状或线条状的方法。

（三）设计果酱画的要点

设计果酱画，首先要以菜肴需要为出发点，根据菜肴的颜色、形状、数量多少而定。设计果酱画时，构图不能生搬硬套。在颜色方面，如菜肴的颜色较浅（如白、浅黄、浅绿色等），则可选择黑、紫、棕等颜色的果酱，如菜肴的颜色较深（如红色、棕色、黑色等），则应选黄、橙、绿等颜色的果酱，以使菜肴颜色与果酱颜色有一个明显的对比。实际中应根据菜肴的形状设计果酱画的内容，常见的果酱画实例如下：

实训案例十　梅花盘饰

1.所用原料

巧克力酱、草莓酱、绿果酱等。

2.制作方法

（1）在盘子一角用巧克力酱画出梅花的枝干，用草莓酱画出梅花。

（2）用绿果酱在盘子的另一角画出山脉的形状等。

果酱画盘饰——梅花见图6-16（彩图83）。

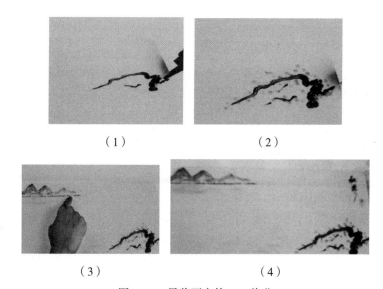

（1）　　　　　　　　　　（2）

（3）　　　　　　　　　　（4）

图6-16　果酱画盘饰——梅花

实训案例十一 翠鸟盘饰

1.所用原料

巧克力酱、草莓酱、绿果酱等。

2.制作方法

（1）用巧克力酱在盘子一侧画出翠鸟的头部。

（2）在翠鸟头部下方滴两滴巧克力酱，然后用手指画出翠鸟的腹部、背部，再用牙签画出翠鸟的爪子。

（3）用巧克力酱画出芦苇，再用草莓酱和绿果酱配色。

果酱画盘饰——翠鸟见图6-17（彩图84）。

（1）　　　　　　（2）　　　　　　（3）

（4）　　　　　　（5）　　　　　　（6）

图6-17　果酱画盘饰——翠鸟

实训案例十二 虾趣盘饰

1.所用原料

巧克力酱等。

2.制作方法

（1）用牙签蘸巧克力酱画出虾尾。

（2）用手指蘸巧克力酱画出虾的身体，利用果酱壶画出虾头、虾须。

果酱画盘饰——虾趣见图6-18（彩图85）。

（1）　　　　　　　（2）

（3）　　　　　　　（4）

图6-18　果酱画盘饰——虾趣

实训案例十三　竹子盘饰

1.所用原料

巧克力酱、草莓酱等。

2.制作方法

（1）用巧克力酱画出竹子的主干，用牙签画出竹子的细枝。

（2）用果酱壶将巧克力酱滴在竹子主干的两侧，用细牙签画出竹叶。

（3）用草莓酱绘制成图章形状。

果酱画盘饰——竹子见图6-19（彩图86）。

（1）　　　　　　　（2）

（3）　　　　　　　（4）　　　　　　　（5）

图6-19　果酱画盘饰——竹子

实训案例十四　雄鹰盘饰

1.所用原料

巧克力酱、绿果酱、草莓酱等。

2.制作方法

（1）将巧克力酱滴在盘子的一侧，用手指画出鹰的头部，再用细牙签画出鹰身体的轮廓。

（2）用巧克力酱画出鹰的翅膀、尾巴、腿等部位以及松树的枝和叶。

（3）用绿果酱画出绿色的树叶，最后用草莓酱绘制成图章即可。

果酱画装饰——雄鹰见图6-20（彩图87）。

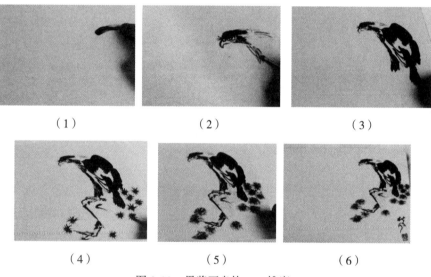

（1）　　　　　　（2）　　　　　　（3）

（4）　　　　　　（5）　　　　　　（6）

图6-20　果酱画盘饰——雄鹰

实训案例十五　骏马盘饰

1.所用原料

巧克力酱、绿果酱、草莓酱等。

2.制作方法

（1）用巧克力酱画出马的头部和颈部。

（2）用巧克力酱画出马的肩部、前腿。

（3）用巧克力酱画出马的身体、后腿、尾巴。

（4）用绿果酱画出马蹄下的石块，再用草莓酱绘制出图章即可。

果酱画盘饰——骏马见图6-21（彩图88）。

（1）　　　　　　　　（2）　　　　　　　　（3）

（4）　　　　　　　　（5）

图6-21　果酱画盘饰——骏马

实训案例十六　公鸡盘饰

1.所用原料

巧克力酱、草莓酱、绿果酱、黄果酱等。

2.制作方法

（1）用细牙签蘸巧克力酱画出公鸡的头部和身体。

（2）用手指蘸巧克力酱画出公鸡的翅膀、腿、爪、尾巴。

（3）用草莓酱画出公鸡的冠，再用绿果酱、草莓酱、黄果酱画出树枝和公鸡爪下的石块。

果酱画盘饰——公鸡见图6-22（彩图89）。

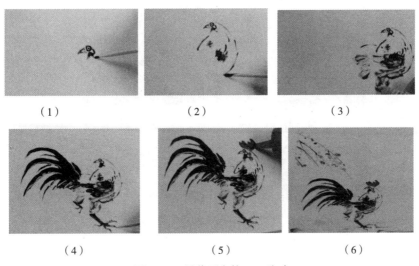

（1）　　　　　　　　（2）　　　　　　　　（3）

（4）　　　　　　　　（5）　　　　　　　　（6）

图6-22　果酱画盘饰——公鸡

实训案例十七 牵牛花

1.所用原料

巧克力酱、绿色果膏、紫色果膏等。

2.制作方法

用紫色果膏画出两朵牵牛花，再用绿色果膏画出牵牛花的叶子，最后用巧克力酱画出藤蔓。

果酱画盘饰——牵牛花见图6-23（彩图90）。

（1）　　　　　　　（2）　　　　　　　（3）

图6-23　果酱画盘饰——牵牛花

六、模具喷粉盘饰

将镂空的模板平放在盘子上，将一种原料（色香粉）喷在模板图案处，轻轻取下模板，一幅漂亮的图画就留在了盘子上。模具喷粉盘饰制作方法非常简单，主要应考虑好色彩的搭配效果。

模具喷粉盘饰示例见图6-24（彩图91）。

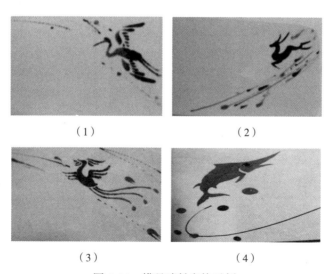

（1）　　　　　　　（2）

（3）　　　　　　　（4）

图6-24　模具喷粉盘饰示例

1. 菜肴盘饰的概念是什么？

2. 菜肴盘饰按选用的原料可分为哪几种类型？

3. 果酱画盘饰的特点有哪些？

4. 请你制作两款立体雕刻盘式。

5. 盘饰设计的原则有哪些？

6. 立体雕刻盘饰在菜肴中有哪些作用？

参考文献

［1］文歧福，邓超.食品雕刻与菜肴盘饰设计［M］.北京：机械工业出版社，2012.

［2］朱诚心.冷拼与食品雕刻［M］.北京：中国劳动社会保障出版社，2007.

［3］罗家良.果酱画盘饰围边［M］.北京：化学工业出版社，2012.

［4］尹哲学，田华，翟万安.西式盘饰造型设计［M］.北京：化学工业出版社，2011.

［5］周毅.周毅食品雕刻：盘头篇［M］.北京：中国纺织出版社，2012.

［6］孔令海.食品雕刻解析与造型设计［M］.北京：中国轻工业出版社，2010.

［7］张定成.面塑制作教程［M］.北京：中国轻工业出版社，2009.

［8］肖强.肖强食雕艺术：人物篇［M］.成都：四川科学技术出版社，2006.